>>>> Non-traditional Security in China
非传统安全与现实中国

能源安全

Energy Security

倪健民　郭云涛　著

浙江大学出版社

序　一

由浙江大学非传统与和平发展研究中心组织的、浙江大学出版社出版的《非传统安全与现实中国丛书》将出版两辑共十本，该套丛书选题重要，内容也比较系统，是一项具有为国家安全重大战略问题集思、集智、建言、献策意义的开创性工作。

今年我国南方的雨雪冰冻灾害，发生在四川汶川等地的特大地震灾害，给我国人民生命财产造成了重大损失，对非传统安全相关领域的科学研究和预警应对能力提出了重大考验。诸多不断突显的非传统安全问题，对中国发展形成了越来越严峻和多样的挑战，国家对非传统安全的应对能力建设也越来越成为国家战略层面需要考虑的重点。从我国发展的内在需求看，庞大的人口、资源短缺、生态环境恶化仍然制约着可持续发展的实施；从我国发展的外部环境看，经济全球化深入发展以及全球气候变化等全球环境问题使我国面临新的挑战；从我国发展的科技支撑看，自主创新能力不足和创新体系不健全影响我国核心竞争力的提升；从我国危机治理的能力建设看，复合性灾害的研究不足与综合性危机防范能力与体制建设相对薄弱影响着社会和谐的维护与保持。中国的知识分子必须应国家之所需，急国家之所急，要努力为国家重大需求和战略部署提供知识、科技和思想支撑。

国家安全的重大战略问题需要多学科交叉地进行研究，需要不同领域的专家学者汇聚起来共同探讨。学科交叉点往往就是科学新的生长点、新的科学前沿，这里最有可能产生重大的科学突破，使科学发生革命性的变化。可以说，学科交叉融合已成当代科技创新的大趋势，有利于解决人类面临的重大复杂的科学问题、社会问题和全球性问题，而研究国家安全的重大战略问题，也为学科交叉提供了一个重要的途径。

我觉得《非传统安全与现实中国丛书》作出了一个很好的尝试：引导师生和社会关注与研究经济社会发展和国家安全的重大战略问题。这无疑有利于得到社会对安全重于发展理念的认同，有利于激励师生立志为国强民富和民族复兴献身，有利于教育干部和群众努力树立科学的世界观、人生观和价值观，而不局限于眼前和局部。

我希望《非传统安全与现实中国丛书》在忧患意识、方法创新、学科交叉、战略前瞻上努力深化，使研究和出版工作做得更好，使该丛书发挥更好的社会效应。

路甬祥

2008 年 7 月 1 日

序　二

读者手上的这套《非传统安全与现实中国丛书》，不仅仅是中国学界在这一领域推出的第一套丛书，据我所知，它也是亚洲地区头一次以丛书形式出版的非传统安全研究系列，是当今世界不多见的一类成果形式。该套丛书第一辑共五本即《非传统安全与公共危机治理》、《粮食安全》、《信息安全》、《公共卫生安全》、《文化安全》已于去年问世，今年第二辑共五本即《食品安全》、《产业安全》、《能源安全》、《人口安全》、《金融安全》又隆重面世。全国人大常委会副委员长、中国科学院院长路甬祥还专门为此丛书写了新序。如果进展顺利，今后还有更多的成果会与公众见面，涉及范围将逐步扩展到非传统安全研究所有新开拓的分支领域和问题领域，作者队伍不仅可能包括全国各地的专家学者，还将延揽国外在非传统安全研究上有成就的知名人士加盟。浙江大学在研的关于非传统安全方面的国家社科基金项目、福特基金项目、教育部重大招标课题等项目的研究成果也将陆续与读者见面。潇枫和我本人甚至设想，在各方面的帮助下，并假以时日，以“浙江大学非传统安全与和平发展研究中心”为主要推动单位和研发基地，这套丛书有可能成为中国乃至国际理论界非传统安全研究成果的主要释放窗口，成为衡量全球化时代安全思想充实和发展新阶段、新高度的一个“学术地标”。

非传统安全问题的研究之所以如此“兴师动众”，确实有它的理由：首先，在今天这样一个时代（不论人们用什么词汇或方式概括它），安全问题越来越多地从传统的军事安全、战场安全及狭义的国家议事的瓶子里“外溢”，蔓延到过去人们无法想象、旧的教科书无法解说、老套办法无法应对的死角；假使一味听任它扩张，不顾及、不解决理论（思考）与实践（政策）的脱节，最终各国公众和国际社会可能会受到难以想象的厄运惩罚。2008年由金融危机引发的全球经济危机和十年前亚洲金融危机给出的重要警示是：金融领域爆发的强大冲击波，可能造成比一场中等规模的武装冲突更惊人的毁坏，譬如讲，它可以使一个国家的经济倒退一二十年，可以带来社会的严重骚乱和政府的非正常更迭，可以极大地降低公众的自信心和承受度，甚至可以使一些国家面临“国家破产”。几年前在中国内地、香港以及新加坡等地刚刚消逝的SARS阴霾，曾经对我们国家权力中枢所在地施加了前所未有的考验：它不止夺走了数百人的宝贵生命，更以其“查无源、症无药”以及“来无影、去无踪”的诡异形态，预示着这是一个随时可能再度现身的可怕“妖魔鬼怪”。如果说，学术研究跟不上现实生活的变化，多少还可以理解或辩解；那么，研究工作无视甚至轻视实际过程的挑战，则是不能原谅的。中国是这样大的一个国家，中国在当代的发展又举世公认，中国的教学和研究人员当然有义不容辞的义务，直面非传统安全的各种威胁；不这么做，中国算不上是“负责任的大国”，我们的学者也称不上是“有良知的学者”。

其次，非传统安全的研究，属于高难度的系统工程，需要多学科的攻关，更需要广泛的参与和支持。在笔者看来，非传统安全问题的探索不是孤立的工作，也不能与过去的努力截然分割开来，与其说它是对“非传统问题”或“非传统特征”的讨论，不如把它定位为本质上“对安全事务的重新理解和阐释”。这就要求研究者有全新的思考维度，熟练驾驭已有的和正在研制的各种“工具”(既指“传统工具箱”里的各种军事火炮，又指“新式装备库”里的各种软件与技巧)，学会应对扑朔迷离、千变万化的对手。举例说，台湾问题既可纳入传统安全的范畴(如何以军事手段遏制台独势力)，又可放进非传统安全的领域(怎样面对认同危机、渔业纠纷、合作对付海上犯罪问题等)。这就需要我们的研究群体能够细致探讨传统与非传统安全间的各种定义及其复杂关系。比如它们之间可能的转换及转换的条件，区分属于不同领域发生、不同力量应付、不同思考方式的各种安全难题。从国际关系理论前沿观察，后者恰恰反映出国内外分析人士近年来苦苦探索的焦点与难点所在。上面的讨论同时涉及非传统安全研究另一个重大分歧点，即这一分支(学科)的边界何在？是否允许把各种有严重瑕疵的“切片”，都放到数量(资源)有限的(非传统安全)“显微镜”下，排队等候各种代价不菲的“药敏试验”？用一个通俗的比喻，能否可以不加区别地将“信息安全”、“能源安全”、“文化安全”、“粮食安全”、“人口安全”等问题，与“城镇交通安全”、“医院用药安全”、“沙漠化现象”、“城市水资源短缺”、“上访事件与群发性危机”等现象，全都放进“非传统安全威胁”这个“大篮子”里？什么时候、什么条件下、把哪些问题放进或拿出这个篮子？在最新的国际关系理论里，这类分析被统称为“安全化”研究，包含了对安全概念怎样定义、包括哪些层次和可变性，什么是安全问题、什么不是安全问题，如何将原本非安全的问题安全化、又如何把已经有安全性质的问题非安全化（“去安全化”）等一系列十分复杂又相当有趣的命题与解释（尽管尚未定型，谈不上十分成熟）。我再次强调，作为新兴大国的研究群体，中国学者有责任、有义务，在这些复杂、高难度但前景无量的分析领域，做出持续有效的努力，争取自己的话语权并作出独特贡献。

本丛书各本的作者，不妨视为非传统安全研究之高山峻岭前比较早的一批“攀岩者”。一方面，我想指出，他们尽到自己的努力，尤其是对涉及“公共安全”领域的某些重大非传统安全现象做了独到而有趣的探究，为后来者提供了跟进、批评和超越的文本，毫无疑问这些工作是可喜可贺的；另一方面，我也要特别说明，这一批书的作者都不是军事安全或传统安全研究的“行家里手”，而是造诣精深的科学家、工程院院士、技术专家，是学有专攻的文化学者、伦理哲学家和各有其专攻学科的大学教授与研究学者，因此他（她）们很可能在“传统安全分析家”看来是贸然闯入别人领地的“入侵者”，评价上自然会见仁见智，甚至褒贬不一。在我看来，有争论是好事，是学术进步的前提。非传统安全的研究尤其需要争辩与抗议，它本身即是一个未定型的分支领域。实践和时间才是检验作品真伪的最佳标准。

最后，衷心祝贺《非传统安全与现实中国丛书》第二辑的出版，也衷心期盼读者对它的认真阅读和批评！

是为序。

王逸舟

2008年10月1日

目　录

第一章

能源与能源安全

能源是人类活动的物质基础，也是国家发展和安全的物质基础。能源安全不是单纯的能源问题，也不仅仅是一个国内保障供应的经济问题，而是一个涉及国家安全、国家利益和对外战略等多层面的国家战略问题，是一个关乎国际能源供求和能源地缘政治的国际战略问题。

能源是经济的命脉，是发展国民经济和提高人民生活水平的重要保障。世界上没有哪一个国家能够在能源供应不足的情况下，维持国家实力的稳定上升。我国经济正处于转型过程中，由依赖本国资源转向利用国际市场，面临着许多亟待解决的能源问题。鉴于能源供应不足可能成为我国发展的最大障碍之一，能源安全在我国国家战略中的地位正在上升，并越来越成为我国战略考虑的重心之一。我国经济的快速发展，已经并将继续导致能源需求和消费的急剧上升，我国对国际能源市场的依赖性也不断增强。随着经济持续高速发展，我国能源消费量呈现快速增长的态势。近年，中国能源消费总量已达16 亿～17 亿吨标准煤，成为世界第二能源消费大国，约占世界能源消费总量的 11%～12%。在中国能源消费中，尤以石油消费增长迅猛，过去 10 多年间的年均增长率高达 6.23%，近年石油消费量已经超过 2.5 亿吨，约占能源消费总量的

22%～23%。由于国内石油供不应求，中国石油净进口量逐年增加，石油对外依存度已上升到33%。

我国要实现党的十七大提出的全面建设小康社会的宏伟蓝图，需要强有力的能源作支撑。根据国内外权威机构预测，2020年前，我国能源需求将持续高速增长，2020年将达到27亿～33亿吨标准煤。其中：石油消费4.5亿～5.5亿吨，天然气消费1800亿立方米，煤炭消费22亿～24亿吨，一次电力需求将达到4.9万亿千瓦时。我国的能源资源禀赋和生产建设能力与巨大的能源需求相比，存在很大的缺口。到2020年，我国需进口石油2.5亿～3.5亿吨，对外依存度超过60%；需进口天然气600亿立方米，对外依存度达到33%；煤炭需新建产能近10亿吨；电力需新增发电装机容量近6亿千瓦。我国除煤炭能基本满足自给外，其他化石能源均需大量进口，能源稳定供给和安全问题日趋尖锐，将可能成为制约我国实现宏伟目标的重要因素之一。随着社会经济不断发展，我国未来能源的总需求会有较大幅度的增长，同时能源消费结构、消费方式等也正在酝酿着巨大的变化。鉴于此，确保能源安全有着非常重要的意义。

能源安全是保障国家安全的基石。从国家安全角度看，能源资源的稳定供应和运输安全始终是一个国家，特别是依赖进口的国家关注的重点，是国家安全的核心内容。能源作为一种特殊的战略性物品，已经成为世界各国竞相争夺的对象。能源获取的多少，已经成为一个国家政治实力的体现。纵观世界发达国家的发展历史，没有哪个国家是完全依靠本国能源资源支撑其经济社会的高速发展的。占世界人口15%的发达国家一直消耗着全球59%的能源。在复杂多变的国际形势下，国际能源供应受地缘政治的影响越来越大。国际上，军事大国采用武力控制着世界优质能源资源和主要运输通道；经济大国则依靠强大的经济实力，买通了能源进口渠道和通道。我国是爱好和平的国家，如何稳定、安全地获取境外优质能源将面临严峻挑战。因此，推动实施我国国际能源战略，以适应国际能源政治形势，稳定、安全地获取境外能源资源，成为摆在我们面前的艰巨而迫切的任务。从长远和全球观点来看，所谓“能源问题”，主要是“石油问题”。石油是创造社会财富的关键因素，也是影响全球政治格局、经济秩序和军事活动的最重要的一种商品。几乎所有国家都把石油安全置于能源战略的核心位置。石油短缺将是我国未来一段历史时期能源安全的主要矛盾。石油安全出现问题，如石油供应暂时突然中断或短缺、价格暴涨，将对国家的经济安全产生损害，其损害程度主要取决于经济对石油的依赖程度、油价波动的幅度，以及国家的应变能力。

在全球化条件下，能源安全又应当是一个处于开放体系中并与世界相互依存的概念。我国能源安全问题主要是由清洁能源需求刚性上升而供给严重不足所引发的结构性矛盾，这是中国能源安全问题中的主要矛盾；石油短缺是我国国内能源安全主要矛盾中的主要方面。在全球化条件下，一国的能源安全不仅是一个经济问题，同时也是一个政治和军事问题；它不仅与国内供求矛盾及其对外依存度相联系，同时还与该国对世界资源丰富地区的外交及军事影响和控制力相联系。因此，正确把握国内外能源发展态势，及时调整国家能源战略和政策，对于确保能源安全和经济安全，有着重要的战略意义。

一　世界能源结构发展路径

能源，是指可以从中取得能量以转换为人们所需的热能、光能、动能、电能等的自然资源。关于能源的定义，美国《科学技术百科全书》说："能源是可从其获得热、光和动力之类能量的资源。"我国的《能源百科全书》说："能源是可以直接或经转换提供人类所需的光、热、动力等任一形式能量的载能体资源。"可见，能源是一种呈多种形式的，且可以相互转换的能量的源泉。确切而简单地说，能源是自然界中能为人类提供某种形式能量的物质资源。通常凡是能被人类加以利用以获得有用能量的各种来源都可以称为能源。也就是说，能源是指可产生各种能量（如热量、电能、光能和机械能等）或可做功的物质的统称。

能源资源，是指自然中蕴藏的富集能源。这些资源需要在经济上有开发利用的价值，或在可预见的时期内有经济价值。已探明的或估计可经济开采的能源资源称为能源储量。据世界能源委员会发表的世界能源调查，各种可利用的能源资源，包括煤炭、石油、天然气、核能、水能、太阳能、地热能、风能及潮汐能等。

人们自从学会使用火以来，就开始了利用外部能源的历史。随着人类对能源资源的认识不断深化，特别是科技的不断进步，人类社会所使用的能源也在不断发展。迄今为止，人类利用能源的历史经历了三个重要时期：即以薪柴、木炭等植物燃料为主的"木炭时代"，以煤炭为主的"煤炭时代"，以石油、天然气为主的“石油时代”。目前世界能源的生产及消费又在向以太阳能、核能为主体的多样化的新能源时期过渡。

在能源与现代社会经济发展结缘后，能源结构虽然经历了变革，但其结构性的影响在现代世界仍然发挥着作用。因此，厘清能源结构发展的路径，对于当前我们考虑能源问题、制定能源战略具有重要的意义。

1. 木炭时代

人类自从懂得使用火以来，就学会了通过燃烧有机物取得热能，从而开始了木炭时代。这一时期延续时间很长，直至18世纪，以木炭为主要能源的格局仍然没有多大改变。今天，广大发展中国家的农村以木炭、秸秆为燃料，耕种负重靠牲畜的现象仍很普遍。

随着社会的进步、生活的富裕、人口的增加，能源的需求量不断提高。一方面，当人类迅速膨胀的需求超过森林资源再生的速度，从而导致乱砍滥伐时，世界森林面积日益缩小；另一方面，森林被砍伐变成了荒野，失去了调节气候、维持生态平衡的能力，环境质量日益下降。

工业化在发现木材的新用途的同时，加剧了木材供应紧张的局面。因为木材不仅是一种重要的燃料，还是盖房子、制作家具、造船所必需的材料。而且自从史蒂文森发明蒸汽机车以后，随着铁路的普及，大量木材被用作铁路枕木。这样一来，对木材的需求增加更快，与建设用材相竞争的燃料用材的供应更加困难了。这时历史的车轮已经走到了18世纪末，煤炭作为一种比木炭更适应工业化需要的能源开始崭露头角。

2. 煤炭时代

煤炭的大量开发和利用，为 18 世纪欧洲产业革命奠定了重要的物质基础。从 18 世纪末到 20 世纪初的 100 多年时间里，以煤为主要能源的世界发生了科学、技术、经济和社会的巨变。今天这个高度现代化的世界，就是在以煤为主要能源的基础上建立起来的。

煤炭的少量使用，历史悠久。直至 17 世纪中叶，煤炭被制成了耐压除烟的焦炭，才取代木炭作为铁矿石的还原材料，得到了广泛使用。到 18 世纪，英国便开始大规模地用煤炭炼铁，在产煤区建立了大批钢铁工业。以此为基础建立的现代化机器制造业为英国社会劳动生产率的提高奠定了物质基础。英国也由此迅速成为世界上最强大的国家。

科技的发展扩大了煤炭的用途。以煤炭为燃料的蒸汽机将热能转换成机械能来代替人力、畜力，它不受时间地域变化的干扰而能持续工作的特点，使其成为工业生产中的主要动力机械。蒸汽机在工业、交通运输等领域内的广泛应用，大大促进了对煤炭的开发利用。

19 世纪末，电灯照明逐步代替了传统的油灯和蜡烛，电力成为工矿企业的基本动力及生产和生活照明的主要来源。电力进入社会的各个领域，进一步扩大了煤炭在能源消费中的比重，因为煤炭是火力发电的主要原料。从 20 世纪初期开始，木炭不再是世界的主要能源，世界进入了煤炭时代。从 1860 年到 1920 年，煤炭在世界能源构成中所占的比重由 24％递增到 62.4％。然而，随着煤炭的广泛应用，由烧煤产生的大量烟灰、飘尘和有害气体，污染了环境。适逢其时，内燃机的发明使工业化的能源需求逐渐转向了比煤炭更优越的新能源——石油的开发和利用。

3. 石油时代

石油具有热值高、灰分少、便于运输和使用等特点。它的发现要早于煤炭，但由于技术原因，石油在19世纪后期才开始作为提取煤油的原料得到利用。20世纪初，当电灯的使用严重威胁到石油的传统需求时，内燃机的发明为石油开辟了新的市场。随后汽车工业的发展，内燃机的应用，使石油中原来被废弃的成分得到利用。此后，各工业部门纷纷引入新的以石油产品为燃料的动力装置，一些新型的军事装备也以石油产品为动力，石油的消费量因此迅速增加。经过两次世界大战，飞机工业发展迅速，汽车工业也得到了进一步的发展，石油作为燃料，需求量显著增加。

20世纪70年代之前，石油一直保持低廉的价格，加上使用的便捷性，使其具有比煤炭更强的竞争力。20世纪50年代中期，西方世界石油和天然气的消费量已超过煤炭；20世纪60年代，石油占据了世界能源消费的首位，1973年达到了53%。这是继木炭向煤炭转变后，能源结构演变的又一个重要里程碑，是一场具有时代意义的能源革命，对促进世界经济的繁荣和发展起了非常重要的作用。20世纪60年代以后，世界天然气的消费也日益增加，到20世纪80年代中期，天然气在世界一次能源消费构成中所占的比重已达20%左右。

石油和天然气是非再生能源，其储量有限。据估计，目前地球上可开采的石油储量（包括海底石油）约3000亿吨。2002年世界产油36亿吨，且每年石油消费增长率达8%以上，可想而知，石油在未来会面临严重的供给约束。因此，在 20 世纪 70 年代世界石油危机以后，人们开始考虑开发和利用新能源问题，世界开始了第三次能源革命的求索。

4. 过渡时期——新能源时期的求索

能源过渡时期的主要特点是：油气和煤炭仍然是消费最多的能源，但消费比重呈逐渐降低趋势，而核能、太阳能等其他能源的消费比重将逐渐上升。

第三次能源革命以核能的和平利用为标志，也就是开发核电技术。但是，铀核裂变核能的主要燃料——铀的资源并不是无限的，而且铀资源在地球上的分布也不均匀。因此，今后即使核裂变能成为主要能源，对于缺少铀资源的国家来说，仍不可能摆脱能源短缺的困境。所以，人类把未来的希望寄托于利用核聚变上，因为核聚变的燃料重氢即氘，是从海水所含的重水中提取的，供人类用 10 亿年也不会匮乏。但是，这一设想尚处于实验室阶段，在国家能源战略上可以进行一定的跟踪研究，但不能纳入现实的能源战略规划。

人类利用太阳能、风能有悠久的历史，但是将太阳能和风能转化为电能则是现代能源革命的内容。目前，这两种能源在许多国家已有小规模的利用，利用技术也有了很大进展。风能发电已经进入商业化利用阶段，太阳能电池板也在一些领域得到利用，但都尚不能达到现代社会经济发展所需要的能源规模和消费水平。因此，国家在进行能源战略规划时，应加强相关的研究。

二　世界化石能源的地质储藏与分布

当前世界，随着产业化分工的国际化和社会经济资源配置的国际化发展，各国能源战略的设计出现了国际化的趋势，部分国家能源需求的一半甚至更高的比例，需从国际能源市场取得。1993 年我国成为能源的净进口国，近年我国能源需求中的石油消费对外依存度超过了 33%。因此，分析国际能源的地质分布特征和储量，对于我国能源国家战略具有重要的意义。

1. 石油储藏及分布

由于古地质形成和构造的原因，石油的地质储藏很不均匀。目前，在全世界 200 多个国家和地区中，生产石油的有 70 多个，其中很大一部分是产油量很少的国家，绝大部分石油产量集中在少数几个国家。主要的产油国有欧佩克（OPEC，石油输出国组织）成员国，以及俄罗斯、美国、英国、墨西哥、中国、加拿大等国家。到 2002 年 1 月 1 日为止，全世界已探明的石油可采储量为 1413 亿吨。2002 年世界石油产量为 36 亿吨。

在所有产油国中，波斯湾和俄罗斯等地区分别以丰富的资源储量和优越的地理位置，成为国际油气资源开发中最值得关注的对象。

到 2001 年底，中东地区油气资源探明储量为 939 亿吨，占世界探明总量的 66.45%。2001 年，中东石油产量为 8.9 亿吨，占世界石油产量的28%。在OPEC的13个成员国中，石油储量和生产能力的差别相当大，仅沙特阿拉伯一国就占了OPEC探明储量的32%和石油生产能力的28.9%，而另有几个成员国（如加蓬、厄瓜多尔），无论是储量还是生产能力在OPEC中所占的比重都很小。OPEC的13个成员国分布在波斯湾、北非、西非、东南亚和拉美等5个地区，但中东地区在储量和产量上都占最大比重。

波斯湾地区是世界上石油资源最丰富的地区，被誉为世界的“石油宝库”。中东石油资源主要集中在阿拉伯—波斯湾周围500～800公里的地区内。这个产油区只占整个中东地区的一小部分。这片区域的特点是油层厚、地层一致、渗透性强、含气量大；油层驱动力强，绝大多数油井属自喷油井，单井产量很高。中东原油属于质量较好的轻质原油，但含硫量较高。伊朗是中东开采石油最早的国家，从1908年马斯杰德苏荣曼第一口油井喷油以来，至今已有70多年的历史。在1971年以前，伊朗一直是中东地区最大的产油国。1972年，沙特阿拉伯石油产量超过伊朗，成为中东最大的产油国。

前苏联地区蕴藏着丰富的石油资源。2001年底，该地区已探明的石油储量为80亿吨，它的远景储量是已探明储量的几倍甚至更多。前苏联地区石油资源分布广泛，但各地储量差别很大，目前探明储量的2/3集中在少数几个大油田。

在苏联石油工业历史上先后起关键作用的有3个油区：高加索油区、伏尔加—乌拉尔油区和西西伯利亚油区。其中西西伯利亚油区的秋明油田是开发重点。以萨莫特洛尔等大油田为主体的秋明油田是距我国最近的俄罗斯油气资源产地，它是一个十分巨大的沉积盆地，位于西伯利亚桌状地带的西部。盆地南北长约2000公里，东西长约1300公里，总面积达250万平方公里，已发现油气田达200多个，其中巨大的油田有3个，拥有俄罗斯一半以上的石油储量。该油区自然条件严酷，但秋明油田油气资源丰富，油田集中，地质条件好，油藏深度浅，岩层钻透容易，而且油层压力大，大部分为自喷式油井。因此，虽然油田基本建设投资比其他地区高，但采油成本仅为其他地区平均水平的64％左右。

除了西西伯利亚油区以外，里海及周边地区已经被证实可能拥有潜力巨大的油气资源。该地区的有关国家将会尽快开发这些资源，以此作为其国内经济发展的推动力。

2. 煤炭储量

同样由于古地质形成和构造的原因，世界煤炭资源极为丰富，储量大大超过其他矿物燃料。据世界能源会议1997年估计，世界煤炭地质资源储量为4.84万亿吨标准煤。按25％的保守比例测算，则世界煤炭的经济可采储量约为1.2万亿吨标准煤，大致相当于2002年世界产煤量（47.8亿吨）的200多倍。同时，这一储量相当于5.86万亿桶石油，即为目前估计可采石油储量的2～3倍。一般说来，探明储量和实际开采量会随着勘探程度的提高，以及经济和技术的进步而增加。油价上涨也会刺激煤炭的开发，大幅度增加煤炭技术经济可采储量。

世界煤炭资源和储量的地理分布很广泛，但不均匀。绝大部分煤炭资源位于气候温和、地壳构造活动带的低洼处，即所谓的煤盆地。据统计，现有80多个国家拥有煤炭资源，其地质资源储量估计在10万亿吨以上，集中在大约2100个盆地中。亚洲和北美洲各有一条世界性的大煤带，因此，煤炭储量最多的国家也集中在这两个洲，如俄罗斯、美国和中国，其主要含煤地区的平均含煤量大约为 200 万吨/平方公里。据统计，目前世界上 10 亿吨以上储量的大煤田有 192 个，其中欧洲（包括俄罗斯所属亚洲地区）82 个，亚洲 44 个，北美洲 36 个。储量在 0.1 亿～10 亿吨的煤田有 515 个，其中欧洲 237 个，亚洲 153 个，北美洲 52 个。

世界上现已有 7.5％的地质资源经过勘探，煤炭探明储量中的 47％属古生代，53％属中生代和新生代。全球古生代煤层有两个特点：一是硬煤占优势；二是古煤构造的形成主要在过渡相地段内。石炭纪含煤构造主要分布在欧洲和北美东部地区，占全球石炭纪煤炭地质资源的 81％和探明储量的 95％。二叠纪含煤构造主要分布在亚洲，非洲和澳大利亚也有少量分布。三叠纪煤炭主要分布在澳大利亚。侏罗纪含煤构造几乎集中分布在亚洲。白垩纪含煤构造主要集中在太平洋地带。新生代煤炭遍布全球，其中北美约占探明储量的 60％。

3. 天然气

天然气的发现往往与石油勘探和开采有密切联系。目前，伴生气仍然约占世界天然气储量的 40％，在中东和拉丁美洲接近 60％。在过去的 20 年中，在那些被认为没有希望找到石油的地区进行深钻勘探，开始改变了非伴生气和伴生气的比率。1950 年，世界已探明的天然气储量为 9.3 万亿立方米。以后探明天然气储量每十年翻一番以上，1960 年达 19.6 万亿立方米；1970 年达 46 万亿立方米；1982 年达 82.4 万亿立方米，相当于石油探明储量的 80％；2001 年为 154 万亿立方米（折合 2073.4629 万吨标准煤)，差不多已接近石油的探明储量。

天然气资源除来自常规的油田伴生气和非伴生气外，还包括非常规来源，如来自煤矿床、页岩、密封岩层，以及以煤炭和石油为原料的合成天然气（或称煤气和石油气），等等。非常规天然气中，煤矿甲烷的蕴藏量较大，甲烷自然地存在于煤矿床中，通过吸附作用被保存在煤炭里和煤矿床垂直接合处或断面上，以及同矿床上下毗连的地层分界面上。页岩天然气存在于油页岩中，通过加热可从油页岩中采出天然气和石油，其中天然气约占 10%。全世界这种封闭在页岩中的天然气可能达 56 亿～112 亿立方米，但目前还没有经济上可取的页岩油气开采技术。地球压力天然气是最重要的非常规天然气资源。地球压力带可在世界少数沿海地区找到。这些地区地质构造的特征是厚厚的沉积矿床，内中封闭着比正常压力高的天然气和水。可能存在地球压力天然气的地区有墨西哥湾、西伯利亚沿海盆地、印度支那海、黄海、日本海和北海。

对于世界天然气资源的远景储量，有很多不同的看法。美国康奈尔大学的戈德尔教授指出，在地球深部 3600～6000 米处，同木星、土星一样蕴藏着大量的形成于地球初期的沼气。按其说法，天然气的蕴藏量或许是无限的。现实情况也表明，各国的超过 5000 米的深井中，沼气的发现率很高，在火成岩层中也有油、气的发现，这就在一定程度上证明了戈德尔教授的假说是有道理的。

另据报道[①]，世界海洋底冻结着 10 亿立方千米的天然气，并且在大洋深处有着巨大的、迄今未探明的天然气储量。这些

---

① 《世界能源经济》，英国《新科学家》杂志，1985 年 7 月 4 日。

天然气被水合甲烷的混合物封住，这种水合物称为可燃冰。在水深超过 1000 米的海底，自然存在着使甲烷冰形成的足够高的压力和低温，但目前的技术条件还不可能开采储藏在这一深度下的天然气资源。各海域，如北冰洋、大西洋、加勒比海、太平洋等海底均发现水合甲烷矿，并探明最大的水合甲烷矿在美国加利福尼亚海岸。如果条件成熟，这一资源的利用或许会对世界的能源消费结构形成重大影响，因此可以跟踪其开发利用的进展情况，关注能源消费结构可能发生变化的趋势。

三　全球能源资源的需求状况

1. 世界能源供应基本状况

欧盟委员会在其报告《2030 年世界能源、技术和其后政策展望》中预测，到 2030 年，主要来自发展中国家的能源需求将使世界能源需求年均增长 1.8%，而化石燃料仍将在世界能源系统中占据主要地位，占 2030 年能源总产量的 90%。石油仍将是未来能源的主要来源（占 34%）；其次是煤（占 28%），世界新增煤炭产量的 2/3 将来自亚洲；天然气比重会有所提高，将占世界能源供应量的 1/4。在欧盟，天然气将超过煤炭成为第二大能源来源。由于欧盟对新能源和可再生能源重视开发较早，届时这部分能源占欧盟能源供应量的比例将超过世界平均水平近一倍，达到 20%的水平。①

① 本段数据引自《欧盟展望 2030 年世界能源》，中国科技信息网。

《2004年世界能源统计年鉴》表明，目前世界石油资源储采比达到41，因此在未来30年内石油供应不太可能会受到资源短缺的影响。但是，随着部分发达工业化国家石油储量日益耗尽，以石油为主体的能源生产国与能源消费国之间的供给和需求均衡，越来越受到地缘政治、国际经济发展和国际金融运行的影响。即使正常的供应与消费需求仍保持平衡，但受恐慌情绪影响，政府扩大战略储备和企业增加商业储备的行为可能会人为提高国际石油市场中的需求，造成短缺的市场氛围，从而影响能源的供应。

截止到2003年底，世界探明的天然气储量为176万亿立方米，储采比为67。由于现有天然气的发现往往与石油储存地有密切联系，因此中东在天然气蕴藏量方面居于世界首位；欧洲居于第二位，其中俄罗斯的天然气资源占了3/4以上。而且，这两个地区天然气探明储量的增长也是最快的。同时，俄罗斯是世界最大产气国，占世界天然气总产量的比重超过1/5。美国是第二大产气国，天然气产量多年维持在5500亿立方米左右，但受储量限制缺乏增长空间，近年北美地区天然气产量的增加大部分来自加拿大。

世界煤炭资源极为丰富，储量大大超过其他矿物原料。但由于煤炭热值低、环境污染大等缺点，近年来消费增长趋于停滞。目前世界煤炭的可开采年限为192年。因此，煤炭在未来出现供应限制的可能性非常小。

世界贸易发展所带来的市场发展、技术进步、政治壁垒减少，将使未来能源供应朝着多元化方向发展。多元化主要表现在能源产地（出口国）的多极化和能源形式的多元化两个方面。仅就能源结构的主体——石油考察，近年来，由于主要发达国家自给率的下降，国际石油贸易有了巨大的增长。未来供应国会更加多元化。有丰富资源作后盾的中东仍将是世界最大的产油地，但来自西非、墨西哥湾、俄罗斯的油气将会扩大其在世界能源贸易中的比重。最重要的能源供应增量来自俄罗斯。俄罗斯有大量的石油和天然气，它既可以向西部的欧洲成熟市场出售，也可以向东部包括中国在内的新兴市场出售。能源供应国的增多意味着现在和未来的国际能源供应比过去可能要安全得多，能源进口国不再需要依赖单一的进口来源。随着参与者的不断加入，国际能源市场会变得越来越富有竞争性。

多元化供给来源的另一个方面来自技术的进步。技术进步在增加未来能源供应中的作用越来越大。以储量相对有限的石油资源为例，技术进步会促进未探明地区石油资源可采储量提高，会提高油田采收率，使油田生产出更多的石油。技术进步可以使人们开采到储藏在水下 3000 米甚至更深位置的油气资源，从而使得开发海洋石油资源可能变为现实。技术进步可降低勘探成本，不仅使人们能够更加容易地探明储存地，而且可提高钻井的准确性，并且能够提高回收系数。技术进步还可降低运输成本，30 万吨以上级油轮建造技术的成熟使得因苏伊士运河关闭而被迫绕道好望角的中东原油在欧洲的价格不至于过分飙升。在不发现新的世界性的大油田的情况下，未来技术进步在提高石油开采储量方面最重要的可能是提高开采加拿大油砂资源的经济性。目前世界上所探明的油砂资源的 95％集中在加拿大阿尔伯塔省北部阿萨巴斯卡河流域、和平湖和阿尔伯塔省与萨斯客彻温省交界处的冷湖地区。加拿大已经探明的油砂和重油资源达 4000 亿立方米（合 2.5 万亿桶原油），而目前的开采技术仅能对 12％的油砂资源（约 3000 亿桶原油）进行经济开采，埋藏较深和含量较低的油砂还不具有经济开采价值。其中可开采的油砂资源相当于中东地区石油探明可采储量的 40％。如果能进一步降低油砂资源的开采成本，加拿大将成为又一个世界性的石油储备基地。

除了提高直接的经济效益外，技术进步还降低了能源使用的环境成本。技术的变化改变了人们的消费习惯，综合循环能源技术的出现，可以实现煤炭的无污染利用；精炼技术的进步，出现了更加清洁的燃料，如不含铅硫的汽油和柴油；由于润滑剂、燃料和引擎技术的进步，更环保的交通工具已经被开发出来。因技术进步而开发出的新能源，也将推动世界能源系统进一步向多元化迈进。只是未来十几年内，新兴能源还不可能使目前世界能源系统的格局有实质性的改变。

2. 世界石油需求不平衡状况

由于石油所具有的宽沸点、高能量和低污染的品质，石油日益成为支配世界能源消费的主要部分，在未来 20 年内，石油仍将在世界能源消费中处于领先地位。近 10 年来，世界石油生产与消费迅速上升且大体平衡。1999 年北美洲和欧洲与 10 年前大体相同，其消费总量之和在世界消费总量中仍占 50％以上，而亚太石油消费则成为世界石油消费增长最迅速的地区。

美国石油消费占全球石油消费的 25％，而美国石油对外依存度则超过 50％以上。美国石油产量和消费总量近 10 年来出现较大缺口，并且储量也大幅下降：1989—1999 年，美国石油产量从 4.29 亿吨下降到 3.54 亿吨，下降了 17.4％，而同期石油消费则从 7.95 亿吨上升到 8.83 亿吨，上升了 11％，占

1999 年全球消费总量的 25.9%；同期美国已探明石油储量从 336 亿桶降为 286 亿桶。在已过去的 10 年里，美国石油产量下降而石油消费量上升，在美国对进口石油依存度过高以及美国因近年能源生产设施老化而导致生产能力长期滞后的条件下，预计未来 10 年，大幅增加和保障海外石油供给，尤其是海湾地区的石油供给，将是美国石油政策的中心目标，也是美国制定外交政策的重要考虑。

世界消费增长中心向亚洲地区转移。1989—1999 年，世界石油生产和消费变化不大，但地区不平衡性十分突出。北美洲一直是世界石油消费第一大户，但 10 年间，其消费总量占世界石油消费总量的比重只下降 0.2%，同期石油生产比重却下降了 2.9%。亚太地区是世界能源消费增长最快的地区，10 年间该地区能源产量占世界生产总量的比重只增长了 0.5%，但其消费总量却从 19.9%猛升到 26.9%，增长了 7 个百分点，其增速远远高于世界其他地区，成为世界石油消费第一增长大户。中国和印度是亚太地区石油生产和消费大国。10 年间，中国和印度的石油生产在亚太地区总产量中的比重分别下降了 0.4%和 1.3%，而消费总量却上升了 3.3%和 1.2%。亚太地区这种石油产量比重增长滞后，消费比重却大幅上升的反差现象，预示着该地区石油供给短缺及由此引起的对外依存度将持续扩大。这将是中国能源安全无法回避的矛盾。

3. 世界石油价格剧烈波动

价格的剧烈波动也是能源不安全的重要表现。在和平时期，能源供应中断的危险在逐步减少，能源不安全的主要表现形式是能源价格的大幅度波动。石油价格的波动也是能源安全关注的焦点，尤其对石油进口国来说，石油价格的高低是国家能源安全政策取向的一个关键因素。因油价在短时间内暴涨就判断全球将出现石油危机，这多少有点危言耸听，但是在过去30多年里毕竟多次发生过因油价飙升而导致全球性经济衰退的严重情况。

第一次石油危机发生于1973年10月。由于第四次中东战争爆发，为打击以色列及其支持者，石油输出国组织的阿拉伯成员国于当年12月宣布收回原油标价权，并将其基准原油价格从每桶3.011美元提高到10.651美元，使油价猛然上涨了两倍多，从而触发了第二次世界大战以来最严重的全球经济危机。持续三年的能源危机对发达国家的经济造成了严重的冲击。在这场危机中，美国的工业生产下降了14%，日本的工业生产下降了20%以上，所有工业化国家经济增长的速度都明显放慢。此次危机过后，以美国为首的一些发达国家组成了国际能源机构，以应对可能出现的石油危机。机构要求成员国必须保持相当于前一年90天进口原油的储备量。

第二次石油危机发生于1978年。1978年底，世界第二大石油出口国伊朗的政局发生剧烈变化，伊朗亲美的温和派国王巴列维下台，从而引发了第二次石油危机。此后爆发的两伊战争，更使石油生产受到影响。石油产量从每天580万桶骤降到100万桶以下，打破了当时全球原油市场上供求关系的脆弱平衡。随着产量剧减，全球市场上每天都有560万桶的缺口。油价在1979年开始暴涨，从每桶13美元猛增至1980年的34美元。这种状态持续了半年多。此次危机成为20世纪70年代末西方经济全面衰退的一个主要诱因。

第三次石油危机发生于1990年。1990年8月初伊拉克攻占科威特之后，伊拉克遭受了国际经济制裁，使得伊拉克的原油供应中断，国际油价因而急升至 42 美元的高点。美国经济在 1990 年第三季度加速陷入衰退，拖累全球 GDP 增长率于 1991 年跌破 2%。国际能源机构启动紧急计划，每天将 250 万桶的储备原油投放市场，使原油价格在一天之内就暴跌 10 多美元。以沙特阿拉伯为首的欧佩克也迅速增加产量，很快稳定了世界石油价格。

以上几次石油危机具有共同的特征，即都对处于上升循环末期、即将盛极而衰的全球经济造成了严重冲击。历史上的几次石油价格大幅攀升都是因为欧佩克供给骤减，促使市场陷入供需失调的危机中。尽管现代局部战争还时有发生，但与因战争导致的石油供应中断相比，油价的剧烈波动对经济的冲击更常见。如 1997 年底到 2000 年第一季度，国际市场石油价格经历了一次大的波动，1998 年迪拜原油价格全年平均价格为每桶 12.14 美元，为 1987 年以来最低；而到 2000 年 3 月上旬，油价一度达到每桶 34.13 美元的高价。如此大的波动引起各方的关注。但与以往不同的是，这次石油价格的剧变与政治、军事事件无关，有人用“第四次石油危机”来形容。

油价的大幅度波动，不仅影响石油生产国，也影响石油消费国。油价下跌时，主要石油生产国经济收入将减少，政府财政困难，如果持续时间长，可能会危及石油生产国的社会稳定。1998 年因油价下跌，海湾合作委员会 6 国的石油收入减少了 31.4%，国内生产总值比 1997 年下降 34%。油价上涨时，对石油进口国的影响将变大，1999 年美国石油进口额比 1998 年增加了 200 多亿美元，其中很大一部分是因油价上涨而增加的支出。

四　世界能源的发展趋势

当前，世界能源发展已步入一个新的变革期。能源已成为人类社会生产生活的动力，现代社会的发展和经济的繁荣都与能源发展变革息息相关。世界能源发展趋势将呈现以下几个特点。

1. 传统的矿物燃料仍将是较长一段时期内能源生产和消费的主体

新时期内，世界能源需求总量将继续增长，预计到2020年将达到230亿吨标准煤。如此巨大的能源需求是任何一种新能源在短期内都无法满足的，而矿物燃料资源，主要是煤炭、石油和天然气，从目前看依然较为丰富，按现有开发利用强度和回收率，其探明剩余可采储量仍可供全世界使用50～100年以上。同时，矿物燃料开发利用的技术比较成熟，并已经系统化和标准化，价格也比较低廉。而建立适合新能源开发利用的新技术体系尚需较长一段时间。

2. 能源结构将呈现多元化发展趋势

近几十年来，“石油危机”的发生和现代工业带来的一系列环境问题，使人们对不可再生矿物燃料储量的有限性及其使用的局限性有了深刻的认识。有限的资源和有限的空间环境，迫使人们在清洁利用矿物能源及寻求可再生新能源方面进行了积极的探索和研究。世界能源结构必将经历由石油、天然气为主向以核聚变及可再生能源为主的变革。预测这次变革大体将经历两个阶段：第一阶段，以天然气、煤层气等气体能源为主体，以液化煤、气化煤等传统矿物能源的洁净化技术和核裂变技术为两翼，形成多元化的能源结构；第二阶段，逐步过渡和形成以核聚变及可再生能源为主的能源结构。

近期，面对动荡的世界石油市场，为了保障能源供应的安全可靠和经济社会的可持续发展，世界各国能源生产和消费结构将呈现多元化趋势，特别是可再生能源和核能将会有较大的发展。目前，可再生能源在能源消费总量中的比例大约为15％，其中9％是生物质能，6％是水能和风能、地热能、光伏电池等其他可再生能源。核能已成为重要的发电能源，在世界一次能源结构中的比例接近10％。据国际能源机构预测分析，未来能源结构中，石油和煤炭的比例将下降，而天然气、核能和可再生能源的比例将上升。预测2050年世界一次能源结构为：煤炭21％，石油20％，天然气23％，核能14％，水能等可再生能源22％。

3. 天然气市场会迅速增长，但其运输成本有可能提高

世界天然气资源要比石油相对丰富，以气代油是能源发展的趋势，被视为绿色清洁能源的天然气将是今后增长最快的矿物能源。据国际能源机构预计，世界天然气产量将由2000年的2.513万亿立方米增加到2030年的5.280万亿立方米，年均增长率为2.5％，高于同期石油和煤炭产量年均增长率（1.6％和1.4％）约0.9个和1.1个百分点；相应的天然气贸易量将是目前（2000年0.43万亿立方米）的3倍。但天然气的开发利用要求在生产设施和运输基础设施方面进行大量投资，预计总投资将达到31450亿美元，约占能源（包括石油、天然气、煤炭和电力）总投资（164810亿美元）的19.1％，低于电力，高于石油和煤炭。其中，由于地区间天然气贸易量增加而相应增加的天然气高压输送、液化天然气供应链系统以及向发电厂和终端消费者供应的天然气当地配送网的投资大约要占45%以上，必然会增加天然气的运输成本。对天然气生产国来说，天然气市场价格则是其向天然气项目投资的关键动力，技术进步对于降低天然气的供应成本将至关重要。

4. 石油市场充满变数，各国对输油管道的争夺将更加激烈

世界石油市场围绕争夺控制权的斗争仍将继续，除了石油生产、出口和定价权外，对石油运输线控制权的争斗也会更加激烈。由于恐怖主义活动对石油海路运输的威胁和石油泄漏对环境的污染，石油管道运输引起石油生产国和消费国的高度重视，并由此引发了全球输油管道之争。争夺主要集中在里海和中亚地区。这一地区现有输油管道三条：自阿塞拜疆的巴库经俄罗斯抵达新罗西斯克港；从巴库经格鲁吉亚到苏帕萨港；自哈萨克斯坦经俄罗斯到里海。但因年久失修和运输能力有限，有关国家从各自利益出发，提出了完全不同的北向、西向、南向、东向四种输油管道建设方案。俄罗斯为达到控制中亚地区油气运输大动脉的目的，坚持北向方案——在建成波罗的海出口管道系统向欧洲出口石油后，目前正在摩尔曼斯克建设每年能向美国出口5000万吨石油的港口。而美国也与阿塞拜疆、哈萨克斯坦、格鲁吉亚和土耳其达成协议，建设巴库—第比利斯—亚伊汉港的输油管道，年输油能力约5000万吨，这是一条绕开俄罗斯和中东地区的独立石油通道。日本出于对石油安全和争夺远东石油主动权的考虑，正采取各种手段争取建设俄罗斯远东石油输出管道。

5. 煤炭供应前景将取决于煤的洁净利用程度

与石油和天然气相比，世界煤炭资源的储量更大，地理分布更广。影响未来煤炭供应的最不确定因素是环境政策，尤其是发电用煤的需求。发电领域仍将是煤炭的绝对主要用户，而环境质量要求将会对电力发展产生重大压力。有限环境容量和以电力为核心的能源发展，将促使煤炭产品向洁净化、精细化、高质量化方向发展。技术进步将带动采煤、选煤效率的不断提高和成本的降低，同时会在煤炭的加工、转换、输送和综合利用技术方面获得重大突破。为了扩大煤炭的应用，煤的地下气化、流化床燃烧技术以及煤的气化、液化工作正得到高度重视。

6. 能源可持续发展将越来越依靠科学技术进步

高新技术成果在能源领域的迅速推广应用，使整个能源产业逐渐由低技术向高技术过渡。目前，几乎所有新技术革命的重大成果都已迅速地渗透到能源勘探、开发、加工、转换、输送和终端利用的各个环节。例如，以计算机为核心的现代设计、制造、监控、管理、信息处理系统和自动控制系统；各种高性能合金、工程塑料、合成树脂、复合结构材料、光纤等新材料的广泛应用；利用微生物探矿、控制有害物质含量和对煤炭用细菌脱硫的各种研究与工业性试验；利用航天技术进行资源普查、处理危险事故，建立高效率、高能量太阳能发电站，等等。与资源基础相比，能源的开发利用对能源供应前景更为重要，先进的科学技术将是提高能源效率和能源可持续发展的主要推动力。

7. 能源开发利用将走资源、环境、经济和社会协调发展的道路

吸取石油危机导致经济危机、能源消耗引起生态环境破坏的教训，人们意识到矿物燃料总会有枯竭的一天，因此必须提高效率，减少消耗，保护环境，促进可持续发展。

回顾历史，人类社会已经历了几种能源开发利用模式。第一种是在较低水平上的能源可持续开发利用模式。这种模式是指人类在进入工业化时代以前，能源消耗水平较低，尽管存在局部的能源短缺和环境破坏，但总体上未产生全球性的能源和环境问题，人类在能源开发利用领域还处于较低水平的可持续发展阶段。第二种是对廉价能源毫无节制的开发利用模式。世界工业革命之后，人类对能源的开发利用有了巨大的变化，原始森林的急剧减少、煤炭的大规模开发利用及价格低廉石油的开采，有力地支持了一大批工业化国家的复兴和一批新兴工业化国家的兴起。这种能源开发利用模式可以说是掠夺性的，给全球生态环境造成了无可挽回的损害，只不过这种损害被世界经济的空前繁荣和由工业化带来的物质文明所掩盖。第三种是节约与开源并重的能源开发利用模式。面对 20 世纪 70 年代以来石油危机给经济发展带来的严重影响，工业化国家先后调整各自的能源政策，把能源节约和能源替代列为能源发展战略的重要组成部分。在这种开发利用模式下，工业化国家的能源消费弹性系数和单位产值能耗降低、能源利用效率提高，推动了经济社会的发展。

面对未来，矿物能源和环境容量的有限性要求人类对能源开发利用模式进行新的历史性变革，即开拓能源开发利用与环境、经济、社会协调发展的模式。面对当前日益恶化的生态环

境和气候变化的现实，人们进一步意识到能源与环境协调发展的重要性。如果沿用历史和现有的能源开发利用模式，有限的环境容量资源可能会先于矿物能源资源而枯竭。因此，新的能源开发利用模式应该首先考虑环境因素，能源开发利用一定要限制在环境容量允许的范围之内，否则能源发展将难以为继。资源短缺特别是不可再生矿物能源的日渐枯竭和生态环境的日益恶化，将是人类能源可持续开发利用的两大限制性因素。能源开发利用只有走资源、环境、经济和社会协调发展的道路，才能确保能源和社会经济的可持续发展。[①]

五　世界一些国家的能源安全战略

能源是整个世界发展和经济增长的最基本的驱动力。自工业革命以来，能源安全问题就已开始出现。在全球经济高速发展的今天，国际能源安全问题已上升到了国家的高度，各国都制定了以能源供应安全为核心的能源政策。人类在享受能源带来的经济发展、科技进步等利益的同时，也遇到了一系列无法回避的能源安全挑战。能源短缺、资源争夺以及过度使用能源造成的环境污染等问题威胁着人类的生存和发展。石油危机后，西方发达国家把能源的安全稳定供应作为主要目标之一，即在维护经济繁荣、保护国家经济利益的前提下，使国家能够稳定可靠地获得海外低廉的能源、矿物原料供应，减少初级产品贸易震荡产生的风险和国际市场价格波动对国内经济带来的不良影响。

① 参见倪健民主编：《国家能源安全报告》，人民出版社 2005 年版，第一章。

1. 美国的能源安全战略

美国在 20 世纪 30 年代以前主要靠自身的资源发展经济，1900—1929 年，美国生产的矿产品占其消费量的 96%。随着经济发展对资源品种、数量需求的扩大，美国对国际市场的依赖程度越来越高，从 1964 年起，美国购买外国原料的数量开始超过出口的数量；到 1977 年，现代经济必需的非动力原料中，进口比重超过 50%的达 18 种。

美国从主要依靠自身资源发展经济到主要依靠进口资源发展经济的转变，一方面是因本国自然资源的品种和数量已不能满足经济发展的需要，另一方面也有保护本国资源和资源安全方面的考虑。原来美国主要进口国内短缺的资源，随着保护国内资源、增强未来和战时资源安全供应意识的提高，进口的矿产品不仅是国内储量小、质量差的，对一些重要的战略资源，即使有一定储量，也主要从国外进口。美国矿物原料委员会认为，对于本国没有足够数量的矿产品，明智的国家政策应赞成自由地利用外国资源，以保护本国的资源。如果不顾资源的多寡，一味强调利用本国资源，有些矿产不久就要枯竭，从而使得美国在战争时期要危险地依赖他国。

美国能源战略的重点是保证经济发展所需能源的安全供应，减少能源供应可能的中断或价格的剧烈波动，特别是石油供应中断或价格波动对国内经济的冲击。为此，美国在维持战略石油储备，加强与国际能源机构协调，稳定国内原油生产的同时，在世界上坚持石油进口来源的多样化，减少对中东石油的依赖，并加强在主要资源产地和主要资源运输线上的军事存在，如增加对中东、中亚的军事影响，以及加强对从中东到美国的太平洋、大西洋海上运输线的保护。

在里海和中亚积极开展的一系列工作，是美国寻求中东以外石油供应的重要体现。早在苏联刚刚解体时，美国就瞄准了中亚地区。中亚五国地处欧亚交汇处的地缘优势和拥有仅次于中东的油气资源蕴藏量，引起了美国的关注。美国在 1991 年就开始介入中亚的石油开采，目前有 7 个跨国石油公司在中亚从事石油勘探、开采、加工等方面的工作。1997 年 7 月，美国参议院外交委员会通过决议，宣布中亚和外高加索是美国的“重要利益地区”，就是为了确保美国 21 世纪“稳定中东，挺进里海，控制中亚”能源战略的实现。

2. 俄罗斯的能源安全战略

保障能源安全供应，特别是战时能源的安全供应是苏联能源安全战略最重要的内容。苏联在二战后总结战胜德国法西斯的经验时，把苏联建在乌拉尔山区的军工厂和战时物资的及时供应作为重要经验之一，使得以后的资源战略带有明显的军事色彩，使能源安全战略偏离了正常的经济轨道，片面强调最大限度的自给自足。苏联自给自足的能源政策，虽然保证了资源的安全供应，却为此付出了惨痛的代价。为了不依赖进口，而往往不考虑成本，在矿产开发和投资上，安全、政治和外交目标占主导地位。许多投资项目，用西方国家的标准来衡量是很不合算的。苏联能源战略之所以与众不同，是与其自身的资源特点和国际环境分不开的。由于苏联能源储量丰富、品种也很齐全，这就为其实行自给自足的政策提供了物质基础；社会主义计划经济体制下自然资源的无偿使用和不注重经济效益，为这种战略的实施提供了制度上的保证；苏联在很长一段时期内，始终遭到资本主义国家的资源、贸易封锁，外部环境也迫使其不得不走自给自足这条道路。

苏联解体后，俄罗斯的内外政策进行了重要调整，能源战略也作了相应的调整。在俄罗斯改革初期，石油、天然气工业作为国家经济的命脉，严格限制外国投资进入。这就限制了外国投资者对石油、天然气工业的投资。由于缺少资金，勘探规模缩小，开采条件恶化，作为经济支柱的石油、天然气工业面临危机。俄罗斯认识到，如不引进外资加快能源工业的发展，不仅能源工业缺乏进一步发展的潜力，而且国家经济危机也难以克服。如果能源工业进一步萎缩，那才是能源和经济的双重不安全。

对俄罗斯来说，能源安全的重点是能源开发建设的投资有保障，能源出口有稳定的市场和价格。为确保能源安全，俄罗斯从国家对外经济和地缘政治利益出发，对不同地域采取不同战略。对独联体国家是发展和深化一体化进程，但俄罗斯近年来更多的是参与独联体多边和双边能源合作，考虑新独立国家的利益，把能源合作建立在彼此利益平衡的基础上。在欧洲，继续保持对东欧和东南欧国家的能源出口。在南亚、东北亚，继续扩大与上述国家的合作，寻求新的能源出口市场，并把东北亚作为俄罗斯地区性能源外交优先考虑的方向。

3. 日本的能源安全战略

日本是能源十分短缺的国家，同时又是消费大国，几乎所有石油、天然气和煤炭等能源都依赖进口。因此，日本政府不断采取和改进各种措施，力保能源的安全和稳定供应。第一次石油危机冲击，给日本经济打击很大。在认识到石油危机的巨大危害后，日本政府制定了新的能源安全对策。

建立石油储备制度和法规，加大石油储备数量。为了确保国家能源安全，日本早在20世纪70年代初就建立了战略石油储备制度，并制定了《石油储备法》等，通过立法来强制政府和企业进行石油储备。该法规定，政府必须储备够全国使用90天的石油，民间企业必须储备够全国使用70天的石油。根据相关法律，日本所有从事进口石油及石油制品的商社和从事石油提炼、批发的企业都必须储备石油或石油制品，还必须定期向政府有关部门报告石油及其制品的储备量等情况。通商产业省（现经济产业省）的有关部门也会不定期地抽查有关企业的石油储备情况，如果没有达到法律规定的储备数量，管理部门就会发出通告，命令其限期将石油的储备量提高到法律规定的最低标准，否则将采取严格的制裁措施，轻则课以巨额罚款，重则判刑。

积极在海外建立自己的石油开采基地，建立多种石油进口渠道，分散能源供应风险。为了确保石油供应安全，日本还千方百计地从许多产油国家获取石油开采权，由本国企业在其他国家从事石油开采事业。日本政府还制定了《石油公团法》，出资150多亿美元，设立负责在全世界勘探和开发石油的石油公团。该公团下属70多家企业，石油勘探和生产业务遍及世界五大洲。几乎可以说，世界上可能有石油的地方就有日本的勘探和开发企业。不过，受石油分布的影响，日本在海外开发的油田主要集中在沙特、阿联酋、印尼等中东和亚洲地区。

实施能源多样化战略，减少对石油的依赖程度。一是提高液化天然气在日本能源消费结构中的比例。2002年，天然气在日本电力生产过程中所占的比例已经提高到了27%，而石油的比例下降到了6%。天然气是环保型能源，对环境的影响小，被称为清洁能源，预计今后液化天然气需求将进一步增加。因此，作为能源战略的重要一环，日本政府决定建立液化天然气储备制度，要求民间企业储备50天的使用量，政府也必须储备30天的使用量。液化天然气在日本整个能源消费结构中的比例已经从第一次石油危机的1.5%提高到了2001年的13.8%。二是提高煤炭的使用比例，大力发展煤炭清洁使用技术。由于煤炭资源丰富，储量大，提高煤炭的使用比例将大大减少对石油的需求。在20世纪的石油危机之后，日本许多燃油发电厂都改用煤炭发电，煤炭消费量大幅上升。2001年，日本每年发电所消费的煤炭已经从1975年的718万吨上升到6223万吨。煤炭在日本整个能源消费结构中所占的比例也提高到了20%。煤炭的环境污染问题较大，不利于环保。因此，日本正在大力研究开发煤炭液化技术，以减少使用煤炭对环境的破坏。这项技术成熟之后，煤炭就能像天然气一样，成为清洁型能源了。三是大力发展原子能发电。安全利用核能是确保能源供应的重要措施之一，日本十分重视核电技术的开发和利用。2001年，日本核电已经占到了整个电力市场需求的32%，大大高于石油发电量的6%。核能已经占到了日本整个能源消费的14.1%。通过种种努力，到2001年，日本对石油的依赖程度已经降低到了48.1%。

大力发展节能技术，大幅降低能源消耗，提高能源利用效率。日本政府十分重视提高能源的使用效率，并于1979年制定了首部《节约能源法》。该法对能源消耗标准作了严格的规定，要求企业在保证产值不减的情况下，每年以1%的速度递减能源消耗。

4. 法国的能源安全战略

法国能源资源较为贫乏，常规能源的开发潜力已基本发挥完毕。20 世纪 60 年代初，法国能源的自给率超过 50%，到 70 年代初降低到 22%。为了改变这种情况，法国加大了核电发展的步伐，80 年代后期以来能源的自给率一直保持在 50% 以上。

法国为了减少能源对外依赖程度，根据 20 世纪 50 年代以来国际核电发展的趋势和法国核原料资源相对丰富的特点，在 50 年代末开始建设核电站。现在法国核电站的数量和核电在电力构成中的比重都居世界第二位。

法国发展以核电为主的能源战略主要是基于以下几个方面的考虑：一是法国的铀矿资源相对于常规能源来说较为丰富，加上单位电力核资源消耗量要少得多，原料供应受外界影响的可能性较小，而且法国还控制着加蓬和尼日尔等国的铀矿开采权，与西方核原料大国加拿大和澳大利亚的合作也很有成效。二是法国在核电技术上具有优势，其快速中子反应堆技术处于世界领先水平，而且核电设备、核电站设计、核废料处理等方面的技术也处于世界领先水平。核电运行成本上也具有优势，法国核电成本仅为煤电成本的 65%，油电成本的 32%。此外，注意资源供应的多渠道，也是法国应对能源的安全重要措施之一，如法国的天然气供应就有四个渠道，分别来自北海、荷兰、俄罗斯和阿尔及利亚。

5. 德国的能源安全战略

德国限制使用高污染的矿物能源，并且不利用核能。在这种情况下，德国为保证能源安全，采取了一系列的对策。20世纪70年代发生世界能源危机之后，德国决心逐渐改变主要以石油作为能源的局面，石油占全部能源的比例从1970年的53%下降到2000年的38%。德国本国有褐煤和石煤这两种丰富的能源资源，它们成为保证能源供应安全的重要支柱。同时，努力扩大石油进口的来源，保证进口渠道的多样化，从欧佩克的石油进口已从20世纪70年代的90%以上下降到如今的不到20%。

6. 小　结

通过对世界主要大国为保障能源安全供应所采取的一系列重要举措的分析，可以看出它们有许多共同之处。归纳起来，主要有以下几个方面：

一是建立战略资源储备。西方主要石油消费大国，在第一次石油危机之后开始重视石油储备。目前国际石油储备的主体是西方发达国家。经济合作与发展组织（OECD）作为西方石油消费大国，战略石油储备也很充足。OECD总战略石油储备大约相当于当年世界石油消费总量的1/6。美国是世界最大的石油储备国，巨大的战略石油储备对应付突发事件和平抑价格起到了很好的作用。海湾战争期间，美国和其盟国在战争爆发的当天，每天动用战略储备石油投向市场，结果当天油价急剧下挫，从前一天的每桶32美元降至每桶21美元。

二是建立国际协调机制，共同抗击风险。第一次石油危机给西方国家的打击，使得它们认识到单个国家抗御风险的能力毕竟有限，必须依靠消费国的共同努力，才能有效地抵御风险。阿拉伯国家的联合禁运和提价，给了西方国家以启示，消费国也可以通过联合，共同抗击国际市场的动荡，以及由突发事件造成的供应中断。于是在美国的倡议下，1974 年 11 月，西方 16 个工业国家组织成立了国际能源机构（IEA），希望用集体的力量抵御石油风险。该组织规定，在紧急情况下，各成员国共同分享石油储备，各国可以得到最低限度的石油供应。为此，各成员国，特别是对中东石油依赖程度较高的日本和西欧各国，都增加了石油的库存量。从 80 年代中期开始，西方主要工业国的战略石油储备平均已达三个月以上的消费量。

三是实行进口来源多元化，分散风险。石油危机的多次爆发，使得大多数石油消费国意识到，对中东地区石油的过分依赖具有极大的风险。美国视中东为政治、军事不稳定地区，尽管美国在中东的影响力很大，但美国还是在逐渐降低对中东地区石油资源的依赖程度，把油气供应分散到世界各地，以保证能源的安全供应。日本也把进口来源的多样化作为分散风险的重要战略之一。日本从中东进口石油的比重一直较高，20 世纪 90 年代中期以后，随着中国和东南亚国家对日石油出口能力的下降，日本对海湾地区的石油依赖进一步增强。这一现象使日本政府十分担忧。为此，近年来，日本对中亚、俄罗斯和非洲等石油产地的投资力度加大，力争扩大能源进口渠道，避免对中东石油的过分依赖。

四是调整经济结构，节约能源。在稳定进口来源的同时，调整经济结构，节约能源，也是西方国家资源安全战略的重要一环。经济结构调整的主要做法是，减少能耗高的产业的发展，或者关闭或者转移到发展中国家，把经济发展的重点转移到能耗小，资金、技术密集的产业上，并大力发展服务业和高新技术产业。通过经济结构的调整，1981 年西方主要工业国家的单位国内生产总值的能源消耗比 1973 年有大幅度的下降，英国和西德下降了 37.5%，日本下降了 36.4%，美国、法国、意大利和加拿大的下降幅度都在 20%以上。石油消费弹性系数也不断降低，1973 年西方国家的石油消费弹性系数为 1.51，1974—1980 年降为 0.17，1981—1985 年进一步下降为－1。

五是运用市场化手段转嫁和规避风险。西方国家为了减轻石油价格上涨对经济的压力，采用了一系列经济手段转嫁和规避风险。据国际货币基金组织的统计，1970—1980 年美元平均汇率下降了 23.8%，使得石油生产国手中的美元实际价值下跌，西方实际进口价格低于名义上的油价，从而抵消了一部分国际收支逆差。利用期货市场对原油和成品油进行保值操作，也是规避价格风险的重要手段之一。

六　我国能源安全的基本情况

新中国成立近 60 年来，我国能源工业获得了较快发展，取得了举世瞩目的成就。其中，煤炭产量居世界第一位，发电量居世界第二位，石油产量居世界第五位，形成了门类齐全、规模宏大的能源供需体系，基本保证了我国经济发展的需要。2007 年，我国一次能源生产总量为 23.7 亿吨标准煤，一次能源消费总量达到 26.5 亿吨标准煤。

然而，我国的能源生产仍然不能满足经济快速增长和社会可持续发展的需要。21 世纪初，我国能源安全的基本态势是，能源需求量大，利用率低，结构性矛盾突出，对外依存度增大，安全形势严峻。我国现有 13 亿人口，到 21 世纪中叶估计将达16亿。人民生活要达到中等国家发展水平，必须有大量的能源支撑，而按目前的能源资源情况推断，还存在很大的问题。如何解决能源供需矛盾，确保能源安全，是一个亟须研究的课题。

1. 人均能源占有量低，能源结构不合理

我国是世界上能源资源较为丰富的国家之一。能源总量生产居世界第三位，消费居第二位。一次能源如煤炭的总储量为14380亿吨，探明的可采储量为3250亿吨，仅次于俄罗斯和美国，居世界第三位。天然气可采储量13000亿立方米，地质储量巨大，前景良好。石油资源储量估计为300亿～600亿吨，已探明的可采储量有40亿吨。水力资源6.76亿千瓦（其中可开发量3.78亿千瓦），居世界首位。但由于我国人口众多，人均能源占有量远低于世界平均水平。如天然气人均930立方米，是世界人均占有量的1/22；液化石油气人均仅29吨，是世界人均占有量的1/10；煤炭的储量、产量虽然居世界第三位，但人均占有量却只有世界平均水平的1/2。能源的缺乏使全国将近1亿人尚未用上电，许多地区用电、用能受限制，导致经济发展落后。

我国现在的能源消费结构为：煤炭68%，石油22%，天然气3%，一次电力7%。与世界平均水平（煤炭17.8%，石油40.1%，天然气22.9%，水电核电19.2%）相比，差距十分明显。如果能源生产和消费结构不变，中国未来的能源需求，无论从境内的资源、资金、运输方面还是从环境方面来看，都将无法承受。

2. 能源需求总量大于供给总量，供需矛盾日益突出

我国经济的发展受能源供给和需求变化的制约，但在不同时期，能源制约我国经济发展的方面是不同的。改革开放以来，我国能源安全形势发生了两大转变。1980—1990 年的 10 年间，制约我国经济发展的能源因素是：能源消费不足，除 1987—1988 年经济过热及 1989—1990 年经济调整特殊时期外，我国能源生产总量大体高于能源消费总量，出口量远远大于进口量。每次经济下滑，都与能源消费增长不足有关，而与能源供给不足无关。可以说，这 10 年中我国的能源形势基本是安全的。但从 1990 年起，我国国内生产总值在保持 7%以上的增长的同时，能源消费总量开始接近生产总量，能源进口量大幅上升，到 1992 年能源生产总量已略低于国内能源消费需求总量；2000 年能源生产与消费总量缺口迅速拉大，从 1914 万吨扩大到 19000 万吨。

仅以石油为例，我国的石油消费量已从 1990 年的 1.15 亿吨增加到 2002 年的 2.393 亿吨，年均增长 6.7%。2003 年，我国已成为继美国之后的世界第二大石油消费国。而我国的原油产量却仅从 1990 年的 1.38 亿吨增加到 2002 年的 1.675 亿吨，年均增长 1.62%。为弥补缺口，我国从 1993 年开始已经成为石油净进口国，石油进口量从 1993 年的 988 万吨增加到 2002 年的 7000 多万吨，年均增长近 25%，对外依存度也从 6.4%上升到 30%。而我国的石油产量只能保持缓慢增长，我国石油领域的供求矛盾将进一步加剧，对外依存度将进一步提高，石油供应风险也将随之增大。

3. 清洁能源需求增大，结构性矛盾突出

我国能源需求对外依存度迅速扩大的原因在于其内部结构性矛盾的日益突出。目前，在我国使用量最大的煤、石油、天然气和水电等常规能源中，产需矛盾比较突出的主要集中在清洁高效能源品种，尤其是石油品种生产的增长不能满足迅速扩大的国内需求。原煤始终是我国能源生产和消费的主体，也是我国能源结构中最稳定的部分。从 1980 年到 2000 年的能源生产消费结构的变化看，原煤、天然气、水电供需比重大体平衡，但煤炭在能源供需总量中的比重均略有下降。在清洁能源中，天然气生产比重增长了 0.4%，水电生产、消费比重增长幅度分别为 4.2%和 2.9%。原油生产和消费比重严重失衡，从 1980 年到 2000 年，石油生产在能源生产总量中的比重从 23.8%下降到 21.4%，而石油消费在能源消费总量中的比重则从 20.7%上升到 23.6%，前者下降了 2.4%，后者则上升了 2.9%，供需矛盾突出。尽管近年来我国石油产量有很大的提高，从 1980 年的 10594.6 万吨增长到 2000 年的 16300 万吨，但从 1994 年起石油生产开始不能满足石油消费的需求，1993 年起进口量开始大于出口量。20 世纪 90 年代以来，我国国民经济按年均 9.7%的速度增长，原油消费按年均 5.77%的速度增长，而同期国内原油供应增长速度仅为 1.67%。1993 年，我国成为石油净进口国。此后进口量逐年增大，尤其是“九五”期间，石油净进口量从 1996 年的 1348.5 万吨增加到 1999 年的 2858 万吨，2000 年净进口量超过 6000 万吨。未来 15 年内，我国国民经济将以 7%左右的速度发展，原油需求将以 4%左右的速度增加；同期国内原油产量增长速度只有 2%左

右，低于原油需求增长速度，国内原油供需缺口将逐年加大。届时，我国石油供需矛盾将进一步加剧，对外依存度将进一步加大。

4. 能源品质差，环保压力大

我国能源总量虽然基本可以满足经济发展的需要，但水电、天然气、石油等绿色能源所占比重低；太阳能、风能等可再生能源虽然资源丰富，但限于技术水平，利用甚少；常规能源如煤炭一直占据主导地位。燃煤和煤炭加工与开采产生的大量污染物，导致严重的环境污染和水体污染。大量的动力煤未经洗选，灰分和硫含量较高。煤化工技术和装置落后，矿区堆积成山的煤矸石占用了大量的土地。除占原煤产量 26%的煤用于发电外，大部分煤以直接燃烧的形式提供能量，因而能量利用率低。同时，煤在燃烧过程中排放出大量的有害烟尘、二氧化硫、氮氧化物等污染物，不仅对人体和生物造成直接伤害，而且还是形成酸雨，导致土地、湖泊酸化的主要原因，并间接威胁人类和其他生物的生存。

5. 能耗较高，能源利用率低

我国的能源利用率低，只有 32%左右，比发达国家低了 10 个百分点，差距很大。能耗较高，产品单位能耗和耗能设备的能效与先进国家差距较大。如单位产值能耗是发达国家的 3～4 倍，主要工业产品能量单耗是发达国家的 1.4 倍。许多高能耗行业的存在和运转加剧了与先进国家的差距，加上思想教育的放松和政策上的失误，存在许多令人痛心的浪费现象，使能源供需矛盾更趋紧张。另外，高能耗的工业比重较大，达到规模生产的大型企业少，高新技术产业更少，其产值只有工农业总产值的 4%。因此，亟须进行产业结构和产品结构的调整和优化，使能源配置趋于合理，同时间接降低能耗。

6. 能源外交和保护手段严重不足

我国能源安全形势自 20 世纪 90 年代初起，就开始由 80 年代的总量平衡的矛盾转化为主要是由环保和需求压力引发的结构性的矛盾。尽管其他能源品种也不同程度地存在着这类矛盾，但在石油，特别是优质石油缺口持续扩大和国家对进口石油依赖程度持续提高的同时，我国对海外石油的利益外交和保护手段严重不足。这也是当前我国能源安全形势和基本特点之一。

我国石油安全问题主要集中在两个方面：一是油源安全。石油是经济发展的血液，不仅关系到经济安全，也关系到军事安全和政治安全。在现代国际关系史上，为争夺控制石油资源而发生的对抗、冲突乃至战争屡见不鲜。在 21 世纪，石油仍然是制约各个国家经济发展的重要战略因素之一，石油资源丰富的地区处于动荡的状态，围绕石油的地缘争夺将会更加激烈。这里面既有各国国内各种利益集团的较量背景，也有一些大国不断插手地区事务的企图。无论是海湾战争还是伊拉克战争，其背后都有石油的影子。同时，一些大国加紧全面推进全球石油战略布局，加紧抢占石油地缘战略支点，强化石油领域的合作，加速一些地区的石油开发，抢滩一些国家的石油开发，加强对一些国家输油管道的维护。这种竞争客观上也造成一些国家的局势动荡。在中东、拉美和非洲，那些局势不稳定的地区或国家，往往是富产石油的国家。最近几年，中亚地区的石油资源开始受到国际社会的广泛关注，因此，围绕这一地区的地缘战略竞争悄然展开，而且愈演愈烈，引发该地区一些国家的政局持续动荡。可见，石油来源地局势的动荡将成为我国油源安全的一大隐患。此外，围绕油源的竞争日益加剧也给我国的石油安全带来不小的影响。最近一段时期围绕俄罗斯石油管道的竞争就是一个明显的例子。二是油路安全。根据相关资料分析，我国进口的大部分石油都要经过霍尔木兹海峡和马六甲海峡，而这两个海峡的通道安全都不掌握在我们手中。除了中东地区长期处于乱局、国际恐怖主义猖獗、海盗骚扰事件频仍之外，我国石油通道的安全也是比较脆弱的。

能源是国家的战略资源，而战略资源在缺乏有力保障，特别是缺乏海军对海上运输安全的保障的条件下，过度依赖海外能源进口，对我国这样的一个大国来说，其风险将是十分巨大的。随着我国工业化和城镇化进程的加快，石油需求将继续呈强劲增长态势。如不采取积极有效的能源战略，到 2020 年，我国对国际石油市场的依存度将达到 50%左右。我国对海外石油的依存度受到国际石油产量不足及我国对海外能源利益的强力维护手段不足等条件的严重制约，而这将使我国在短期内无法化解和承受由石油消费对外依存度持续扩大所带来的风险及其资本支出。

能源问题是涉及中国经济社会可持续发展的大事。党的十六届三中全会明确提出了“坚持以人为本，树立全面、协调、可持续的发展观，促进经济社会和人的全面发展”，强调“按照统筹城乡发展、统筹区域发展、统筹经济社会发展、统筹人与自然和谐发展、统筹国内发展和对外开放的要求”，推进改革和发展。这样完整地提出科学发展观，是中国共产党对社会主义现代化建设指导思想的新发展。中国能源发展战略的制定及其实施，必须树立和全面落实科学发展观。这将从两个方面对能源发展提出要求：一是要处理好经济建设、人口增长、能源资源利用、生态环境保护的关系；二是要坚持能源开发与节约并举，把节约放在首位，最大限度地提高能源效率，在生态环境保护中开发利用能源，在能源开发利用中保护生态环境。

七 我国能源发展的战略方针

2006 年 7 月 17 日，国家主席胡锦涛在八国集团与发展中国家领导人对话会议上提出了新的全球能源观，指出：全球能源安全，关系各国的经济命脉和民生大计，对维护世界和平稳定、促进各国共同发展至关重要。每个国家都有充分利用能源资源促进自身发展的权利，绝大多数国家都不可能离开国际合作而获得能源安全保障。为保障全球能源安全，我们应该树立和落实互利合作、多元发展、协同保障的新能源安全观。首先，实现全球能源安全，必须加强能源出口国与消费国之间、能源消费大国之间的对话和合作；其次，应该加强节能技术研发和推广，支持和促进各国提高能效，节约能源，探讨建立清洁、安全、经济、可靠的世界未来能源供应体系；第三，应该携手努力，共同维护产油地区的稳定，确保国际能源通道安全。他特别强调："各国应该通过对话和协商解决分歧和矛盾，而不应该把能源问题政治化，更不应该动辄诉诸武力。"这表明，全球能源安全要求摒弃垄断和霸权，实现能源生产国和消费国的合作共赢。中国的新能源安全观跳出了纯技术观点、学究式的供求关系分析和“大国博弈”的老套路，把国家间的互利合作、先进能源技术的研发推广体系的建立以及创建能源安全的和谐国际政治环境有机地结合起来，为实现全球能源安全和最终解决能源问题指明了方向。

2007 年 1 月 16 日，温家宝总理在第二届东亚峰会上发表题为《合作共赢携手并进》的讲话，阐述了能源安全观，提出解决能源安全问题，需要国际社会的共同努力，需要树立和落实互利合作、多元发展、协同保障的新能源安全观。一是在能源安全领域，加强能源消费国之间以及消费国与生产国之间的对话和政策协调，共同维护本地区能源市场的稳定；二是提高能效和节约能源，加强对清洁能源、替代能源和新能源技术的研发和推广，构建清洁、安全、经济、可靠的地区未来能源供应体系；三是通过双边和多边国际合作，共同维护能源运输安全。

2008 年 6 月 22 日，国家副主席习近平在沙特阿拉伯吉达国际能源会议上指出：中国是国际能源合作负责任的积极参与者，在国际能源合作中发挥着建设性作用。中国将坚持走科学发展道路，坚持节约发展、清洁发展、安全发展，实行可持续的能源战略，努力为促进世界能源可持续发展、维护世界能源安全作出积极贡献。并提出中国在能源发展中遵循的六个原则：坚持节约优先；坚持立足国内；坚持多元发展；坚持依靠科技；坚持保护环境；坚持互利合作。

要把能源战略置于国家发展战略的重要位置，走出一条有中国特色的新型能源发展道路，即坚持节约高效、多元发展、清洁环保、科技先行、国际合作的能源发展战略，建设一个利用效率高、技术水平先进、污染排放低、对生态环境影响小、供给稳定安全的能源生产流通消费体系。

综合分析能源发展的基本情况、存在的主要问题和面临的形势，从能源在国民经济发展中的总体战略地位出发，我国能源发展的基本思路：一是坚持开发与节约并重，把节约放在首位的能源发展总方针，采取各种有效措施合理利用和节约能源，不断提高能源利用效率，特别是煤炭的清洁和优质利用，保护生态环境，促进能源、经济与环境协调发展；二是抓住机遇，充分利用国内国外两个市场两种资源，立足国内，面向国际，努力走出一条生产规模稳步扩张、经济效益良好、市场竞争能力和对外开放程度不断提高的产业发展之路；三是以市场需求为导向，以全面创新为动力，以安全供应为基础，以经济效益为中心，以全方位调整和优化能源结构为主线，重点解决石油供不应求的结构性矛盾，同时要以电力为中心，以煤炭为基础，煤电一体化发展，促进产业和经济社会的可持续发展。根据能源发展的基本思路，有必要重申或合理调整能源发展的具体战略方针。这些方针是历史经验的总结，需要今后继续贯彻执行。

1. 能源发展战略总方针

我国能源发展战略总方针是：坚持开发与节约并举，把节约放在首位。

实践证明，我国在 20 世纪 80 年代初提出的“开发与节约并重，近期把节约放在优先地位”和 90 年代经过修订重申的“坚持开发与节约并举，把节约放在首位”的能源总方针，是完全正确的。我国 1981—2000 年 20 年间能源消费弹性系数为 0.405，大约提前五年实现了当时党中央、国务院提出的 1981

年至2000年20年间以能源翻一番确保经济产值翻两番的发展目标。在实现这个目标的过程中，能源节约功不可没。20年间，我国以年均增长3.93％的能源消费支撑了年均9.70％的经济增长速度。按环比法计算，累计节约和少用能源总量11.99亿吨标准煤，相当于2001年的能源生产总量。

在当前实现“国内生产总值到2020年力争比2000年翻两番”的经济发展目标的过程中，要解决我国能源供需如此大的缺口，从世界能源发展历史看，完全依靠进口是不可能的，必须继续坚持开发与节约并举，把节约放在首位的能源发展战略总方针。经测算，在2001—2020年20年间，我国国内生产总值的增长有45％左右要依靠能源的节约和新能源的应用来取得，要求年均节能率达到2.46％～3.56％，年均节能量达到5410万～6930万吨标准煤。从这个意义上说，大力节能、合理用能、提高能源利用效率是我国解决能源问题的突破口。节约能源可视为我国与煤炭、石油、天然气和电力同等重要的“第五能源”。

能源开发与节约并举，比之单纯强调能源开发，更符合我国经济和能源发展的客观规律，符合我国国情。提倡能源节约，把节能放在首位，就是要讲究能源开发利用的社会效果和经济效果，以尽可能少的能源满足经济发展和人民生活的需要，走以提高能源经济效率为核心的发展道路。坚持开发与节约并举，把节约放在首位的能源发展战略总方针，是我国能源发展必须遵循的总纲。

2. 能源开发战略方针

我国能源开发战略方针是：在保障能源安全的前提下，调整和优化能源结构，加快西部能源开发，大力开发利用新能源和可再生能源。

调整和优化能源结构，是今后我国能源发展的主线，是新时期经济社会发展的需要，是人民生活水平提高和环境保护对清洁能源的要求。调整和优化一次能源结构的重点是，解决石油供不应求的结构性矛盾，提高天然气、水能、核能等清洁能源、优质能源和可再生能源的比重，并在降低煤炭比例的同时开拓煤炭资源优质开发利用的新路子。煤炭是我国能源的支柱，是可以实现优质利用的。要采取“科研与生产相结合”和“高新技术与传统实用技术相结合”的战略方针，大力调整煤炭产品结构，加快开发和推广应用煤炭洗选、型煤、动力配煤、水煤浆、煤炭气化和液化等洁净煤技术，加大煤层气开发力度，积极发展煤炭深加工，提高煤炭工业的整体素质。在石油工业发展中，应继续强调加快天然气资源开发利用的进程，加强勘探，油气并举，扩大开放，建立石油储备体系，充分利用国际资源，满足国内需求。新能源和可再生能源的开发利用，要继续坚持“因地制宜，多能互补，综合利用，讲究效益”的方针。在电力工业发展中，要实施加快体制改革，重点加强电网建设，大力开发水电，优化发展火电，积极发展核电，加快发展新能源发电的发展战略方针。基于煤炭和电力的密切关系，煤炭是中国电力发展的基础能源，电力发展是煤炭发展的主要推动力，煤炭和电力相互协调、相互促进、融为一体（即煤电一体化），将会对国民经济发展起到更加坚实的基础作用。

3. 能源节约战略方针

我国能源节约战略方针：以广义节能为基础，以工业节能和石油节约为重点，依靠技术进步，提高能源经济效率。

能源节约的核心是提高能源经济效率。大力节约能源，不断提高能源经济效率，是一项长期的战略任务。以广义节能为基础，就是要求动员各行各业和全国人民的力量，长期坚持“全面节约”的战略方针，全方位挖掘节能潜力，提高能源系统的效率，节约各种经常性消耗物资，节约不必要的劳动消耗和资金占用，减少人口增长，提高工业企业的生产效率和效益，降低生产成本，合理调整和优化产业结构和产品结构。广义节能的重点是依靠技术进步，不断降低工业部门的单位产品能耗。据估计，我国节能的潜力有60%在工业部门。提出以石油节约为节能的重点，是解决石油供不应求的能源结构性矛盾的重要战略。同增加石油供应不同，这是一个节约措施，是一项行之有效的措施。

4. 能源贸易战略方针

我国能源贸易战略方针：以市场为导向，以经济效益为中心，有出有进，出口煤炭，进口石油，进出口多元化。

在市场经济条件下和加入世贸组织的新形势下，我国能源的产供需平衡要放眼于国际国内两种资源和两个市场，能源贸易战略已成为能源发展战略的重要组成部分。今后我国国内石油供应需要大量进口原油已成定局，同时为发挥资源优势需要适度出口煤炭。我国的能源贸易必须是有进有出，进口石油，出口煤炭，并要根据能源市场价格的变化情况和经济效益原则来决定贸易策略。为了确保经济的稳定发展和能源的安全供应，必须采取多种途径利用国际能源资源和市场，实行进出口多元化的能源贸易战略。煤炭出口，要多方位地寻找销售市场，由以出口日本为主，向亚洲、西欧市场以至世界发展。石油进口，要多方位地充分利用国际石油资源和市场，以经济效益为前提，或从国际市场上购买石油，或到产油国投资采油，以满足国内需要。

5. 能源环保战略方针

我国能源环保战略方针：广义环保与广义节能相结合，高度重视并实现煤炭资源优质开发利用，促进能源、经济和环境协调发展。

在现代经济社会，人们更加注重环境质量，要求能源、经济和环境协调发展。我国以煤为主的能源结构是造成不少地区环境污染严重的根本原因。解决环境污染问题的关键是要实现煤炭资源的清洁和优质开发利用。为促进能源、经济和环境协调发展，我国能源环境保护战略的目标是：在保证经济社会发展战略目标实现的前提下，不断降低单位生产总值和人均环境污染量，使人民生活和社会生产有一个良好的环境，使环境质量达到现代化发达国家的中等水平。为了实现这一目标，必须采取“广义环保与广义节能相结合”的战略方针。广义环保的主要特点是把预防与治理结合起来，把间接防治与直接防治结合起来，把技术防治与经济防治结合起来。广义节能是广义环保的核心，节能既是治理污染，又是预防污染，节能不仅能减少能源利用环节的污染，还能减少能源生产环节的污染。

第二章

能源安全理论分析

一　能源安全概述

1. 能源安全产生的背景

能源是经济发展的命脉，是发展国民经济和提高人民生活水平的重要保障，在社会经济体系中占据着重要的地位。英国著名经济学家E·P·舒尔茨在1964年指出："能源是无可替代的。现代生活完全是架构于能源之上的。虽然能源可以像其他任何货物一样买卖，但并不只是一种货物而已，而是一切货物的先决条件，是与空气、水和土地等同的要素。"

能源安全问题从1973年第一次石油危机开始为人们所认识。20世纪70年代初爆发的第四次中东战争，导致石油短缺和油价暴涨，从而引发第二次世界大战后最严重的全球经济危机。国际能源机构（IEA）于1974年成立，第一次正式提出了以稳定原油供应和价格为中心的能源安全概念，西方国家也据此制定了以能源供应安全为核心的能源政策。

20世纪80年代中期以后，随着全球化进程加快，能源需求和价格快速增长，人们对环境问题的担忧与日俱增，国家能源安全已不能简单地仅考虑能源供应，它还包括了对生态环境、可持续发展战略等问题的关注。新的国家能源安全的关注点正日益成为各国能源安全战略的重要组成部分，能源安全的内涵扩展为：以增加经济竞争力和减少环境恶化的方式，保证充足和可靠的能源供应。

进入21世纪以来，随着我国经济的高速发展，煤、电、运全面紧张，石油对外依存度快速提高，我国能源安全问题成为社会关注的焦点。2006年，我国石油消费量达到3.50亿吨，对外依存度上升到48%。2007年，石油对外依存度达到50%。到2020年，我国要完成全面建设小康社会的任务，基本实现工业化。从发达国家的经验看，21世纪初将是我国经济发展对能源依赖程度相对较高的时期。我国除煤炭能基本满足自给外，其他化石能源均需大量进口，能源稳定供给和安全问题将日益尖锐。我国以煤炭为主的一次能源结构，以及能源资源分布和经济发展地域不均衡的基本状况，使得我国的能源保障将面临产能、运输、环保、贸易等诸多问题。能源安全已成为关乎我国社会经济可持续发展的重大战略问题。

2. 能源安全的国际评介

能源安全不是单纯的能源问题，也不仅仅是一个国内保障供应的经济问题，而是一个涉及国家安全、国家利益和对外战略等多层面的国家战略问题，并且是一个关乎国际能源供应和能源地缘政治的国际战略问题。能源安全是全球性问题，每个国家都有合理利用能源资源促进自身发展的权利，绝大多数国家都不可能离开国际合作而获得能源安全保障。要实现世界经济平稳有序的发展，需要国际社会推动经济全球化向均衡、普惠、共赢的方向发展，需要国际社会树立互利合作、多元发展、协同保障的新能源安全观。

2006年8月，俄罗斯政府借主导八国首脑峰会之机，提出了“能源安全”新概念，推动八国首脑通过了《圣彼得堡能源安全行动计划》。其要点是：各方一致认为，为了确保全球能源市场的透明度、可预见性和稳定性，有必要按照输出国和消费国均能接受的价格进行长期、可靠和无损于生态环境的能源供应，更积极地推广节能计划和可替代能源，实现平衡、稳定的能源保障。八国集团和国际社会应为开发创新技术开展密切合作，以建立未来能源保障技术的基础，提高能源利用效益。

美国总统布什在2007年度国情咨文中，将美国的能源安全问题作为一个主要议题，提出通过开发替代能源和提高能源效率以降低对海外石油的依赖。美国能源安全的总思路是：稳定并逐步减少对海外能源的依存度，注重开发新型可再生能源，大力研发和应用节能技术，既要满足现实的能源需求，又要着眼于未来的发展。美国《新世纪的国家安全战略》指出，在提供能源保障方面，为采取保护措施以及提高能源效用和寻找替代能源而进行的研究工作是美国能源保障战略的一个至关重要的因素；美国还将对一如既往地确保外国石油的来源不能中断这个问题予以特别的关注；美国必须一如既往地记住保持重要产油区地区稳定和安全的必要性，从而确保美国拥有得到这些能源的机会和这些能源的自由流动。

欧盟是当今世界仅次于美国的能源消耗大户，其消费量占世界能源总消费量的14%～15%，并呈增长趋势。欧盟的能源安全战略是：对内完善欧洲能源内部市场和统一标准，开发替代能源和利用可再生能源，强化管理措施和提高能效；对外则是在世界上寻找价格最稳定、运输最便宜、供应量稳定增长的能源，同时尽量使能源进口来源多元化。

日本在能源安全问题上曾经有过深切的历史教训，20世纪70年代的两次石油危机对日本经济的危害至今还让很多人记忆犹新。日本几乎所有的石油和煤炭等能源都依赖进口，所以保障充足的能源供给，避免能源短缺，就等于保障了日本经济的命脉。因而日本特别强调："能源安全保障是日本综合安全保障体系的核心"，"解决能源问题也是关系到国家乃至整个民族存亡的头等大事"，"能源安全战略，是遏制和排除外部的经济或非经济威胁的方略，它是以能源手段为中心，维护国家经济安全、军事安全和政治安全"。可见，日本也是以国家的兴衰安危、国家的根本利益和长远利益，以及国家的发展目标为出发点来对待能源安全问题的。日本的能源安全战略主要有：一是谋求能源结构多样化，能源开发与节约并重，提高能源效率；二是保障石油稳定供应，分散石油进口来源，拓展海外市场；三是建立和完善石油战略储备制度。

2000年欧洲环保协会在对能源安全评价中，首次提出能源安全并不是寻求能源自给率最大或能源对外依存度最小，而是减少与能源供应安全相联系的风险。

2006年底剑桥能源咨询公司发布的特别报告认为，消费国和生产国立场不同，能源安全观也不同。消费国寻求供应安全，生产国也在寻求需求安全。对消费国而言，能源安全是供应安全，就是以能够承受的价格获得足够的能源供应。对生产国而言，能源安全就是需求安全，就是"维持长期有效的、消费国愿意支付的市场价格，并由此确定相应的投资规模，确保足够的生产能力"。

对大部分工业发达国家来说，由于进口能源在其燃料供应中占主导地位，能源安全的首要问题是获取能源的可靠性，即按照可接受的经济（合理的价格）、技术（运输过程中的平等待遇和安全性）和生态条件，不间断地从外部获得能源供应。对消费国而言，首先，消费国担心现有剩余产能不足。“高峰产量”理论引发对资源枯竭的恐慌，油价的上涨又起到推波助澜的作用。其次，影响供应安全的不仅仅是生产，也与基础设施和整个供应链各环节的安全息息相关。对生产国而言，能源安全是指能源资源的充足性，能源开采所需投资、技术和生态的可行性，维持长期有效的、消费国愿意支付的市场价格，并由此确定相应的投资规模，确保足够的生产能力。对于相对贫困的发展中国家而言，能源安全是指保障本国居民日常生活所需能源及现代化能源服务的经济可承受性。

在来自国外的经济学文献中，国外学者多从风险性与外部性定义能源安全的概念。从风险性定义能源安全，认为能源安全是个期望问题。这种定义实际上是根据人们对风险的态度来研究能源安全问题，同时也包括对风险的发生概率和破坏力大小的认知。对能源价格分析预测及其预警、世界能源供需关系及其影响因素的分析、能源价格承受力分析、风险的防范等，都可以看作这种定义下的研究内容。国内有学者则认为，能源安全问题应该是特指由不可控因素可能产生的经济损害。对于一个国家来说，不可控因素大致分为境外和境内两个方面。境外不可控因素是指对不能由本国单方面解决，并且对本国能源供需关系可能产生负面影响的一切事件，如战争、自然灾难、与能源供应国外交关系恶化、国际石油商市场操纵等国家力量不能直接干预的事件。境内不可控的因素主要是指即使是动员国家力量也难以在短期内解决的问题，如可供开采的能源资源储量、生产技术水平等。一般来说，境外不可控因素是难以预计的，具有不确定性；境内不可控因素则相对容易把握。能源安全的概念应该在只存在境外不可控因素时才使用。

进入21世纪以来，国际环境与地缘政治发生了较大的变化，“9·11”恐怖主义袭击和2002年以后国际油价出现大幅度的攀升，使发达国家对能源风险的认识又扩展到能源基础设施的建设，而我国则更加关注价格变动对能源安全的影响。目前，国内比较认可的对能源安全状态的表述是“清洁、稳定、经济”，即质量清洁、数量稳定、价格合理。还有一些学者在国家能源安全的基础上，又提出了区域能源安全的概念，即从时间、空间、数量、质量、价格全方位定义能源安全。

总之，能源安全是一个综合性概念。它不仅是指以合理的价格为经济发展提供各类能源的可靠供应，同时要把对自然环境的损害程度降到最低；不仅要满足当代人类的基本能源需求，而且要使后代免于遭受潜在的能源风险和威胁。

二　能源安全的基本原则与实现途径

1. 能源安全遵循的原则

在经济全球化迅速发展的今天，能源问题已不再是单纯的国内经济和生产问题，能源的经济运行不仅要受到几个乃至几十个国家的影响，特别是国际组织、跨国公司和国际金融力量的影响，同时还可能受到国际危机的打击，如石油危机和局部战争等。化石能源是不可再生能源，其可持续供应能力受到剩余储量和开采能力的影响。能源的大量开发利用造成了严峻的环境问题，尤其是全球变暖和酸雨问题。当前世界所面临的能源安全问题呈现出与历次石油危机明显不同的新特点和新变化。它不仅仅是能源供应安全问题，而且还包括能源供应、能源需求、能源价格、能源运输、能源使用等安全问题在内的综合性风险和威胁。因此，能源安全应遵循国际化、市场化、多元化和低碳化等四项原则。

(1) 国际化

当今世界的能源安全问题已经不是一个国家，也不是一个地区的能源安全问题。不论是发达国家还是发展中国家，不论是能源出口国还是能源进口国，能源安全都会影响到其经济命脉和国计民生，在高昂的能源价格和动荡的能源市场中，谁也无法独善其身。寻求基于市场机制的能源价格，确保充足的、可靠的和环境友好的能源供应，已成为各国和全体人类须共同面对的挑战。展望未来，能源安全的国际化将变得更加重要。

第一，世界人口将不断增长。预计到 2030 年，全球人口将从目前的 65 亿增加到 81 亿。人口增加必将带动能源消费的增加。

第二，现在的发达国家，在全世界国家中仅占很小的比例，绝大多数的贫穷国家必然要走现代化和工业化道路，现代化和工业化意味着大量的能源消费。能源安全是一个全球性问题，它需要全球各国家之间的合作，共同确保未来的能源安全。

第三，全球目前面临着气候变暖的问题，这与能源消费和能源安全紧密地联系在一起。

为了在能源安全问题上避免发生冲突，供需双方建立对话机制是克服障碍的最佳方法。当然，它不仅需要在国家之间展开对话，还需要使国家石油公司、跨国石油公司和服务公司求同存异，达成共识。国际能源组织应收集最新的、准确的数据，形成对未来供应、需求走势的清晰认识。生产国与消费国应在现有框架内构建新的框架，寻求共同点。

在相互依赖越来越紧密的世界里，能源安全在很大程度上取决于如何与其他国家保持良好的关系。这种良好关系可能是双边的，也可能是多边的。因此，能源安全已成为外交政策的主要内容。

（2）市场化

能源供应和能源价格对能源安全产生重大影响，政府干预和市场调节是确保能源安全的重要手段。能源市场化改革将是长期保证能源安全的有效手段；政府干预在短期内可以确保能源供应，但从长远观点看，可能会对能源安全产生不利影响。

经济理论和实践经验都表明，政府的干预可能会使情况变得更糟，开放的能源市场是能源供应安全的最佳卫士。当然，绝对的供应安全是很难实现的。实际上，无论造成短缺和震荡的是供应中断还是能源输送网络出现问题，安全只意味着不受突如其来的实物短缺和价格震荡冲击的相对自由。安全是任何一种能源产品都应具备的宝贵特性。消费者希望获得可靠而持续的供应，也愿意为此付出。政府规划部门并不能准确预测哪些措施对能源开发商和消费者最有利。而且，能源市场有其自身的具体问题，政府的干预措施有可能会造成不符合其本意的严重后果。诸如政府资助的发电厂或额外储备将压低民间投资对回报的预期，打击他们向这些领域投入资金的愿望。事实上，能源市场在灵活应对 20 世纪 70 年代和 90 年代初的国际石油危机方面是相当成功的。由市场带来的供应来源和技术的多样化才是安全的关键，自给自足不能解决问题。

西欧一些国家对能源行业实行私有化和市场化以来，能源安全状况也在不断改善。这些国家的能源市场（包括天然气和电力）现在是充分竞争的，所有消费者都可以自己选择供应商。除了天然气网络和电网本身的自然垄断之外，已不存在价格控制。这些市场也摸索出了应对能源安全问题的机制。例如，期货价格上涨表明有投资必要，会给投资者带来动力；短期价格走高的预期会激发人们投资于扩大储备；可撤销合约让人们在应对先前的短缺时有了一定的灵活性；能源监管当局提供的商业鼓励措施保证了供应网容量的及时扩充，最大限度地利用现有供应能力，对用户不会实行差别对待，等等。

(3) 多元化

能源安全多元化原则包括国际能源供应多元化和国内能源品种多元化。为了确保能源的可靠供应，主要能源消费国积极开展国际合作，多来源、多途径进口油气资源，尤其是降低对中东地区能源的依存度。作为世界最大石油进口国，美国在“9・11”事件后，注意减少对中东能源的依赖，而加大从非洲和加拿大的进口力度。日本在重点维持中东石油进口安全的同时，也大力投资中亚、俄罗斯和非洲，提高在石油丰富地区的原油自主开采率，目标是由目前的15%提高到40%。欧盟对石油的稳定需求量为年6亿吨，原油供应18%来自俄罗斯，28%来自中东。印度国内石油对外依存度达到70%，在依靠伊朗、俄罗斯和缅甸等周边油气资源的基础上，开始向非洲和拉美扩展。

为了巩固多元化的能源进口渠道，世界主要能源消费国大力开展能源外交。美国能源外交注重现实主义和实力，不惜把游戏规则强加给盟友欧洲和日本；美国高度重视能源维护的军事力量建设，不断加强对世界重要海峡和运河的控制。日本多方设法发展与石油丰富国家的关系，日本企业在政府的优惠政策扶持下，纷纷在埃及、安哥拉和阿尔及利亚等国展开勘探和开采。俄罗斯 2010 年计划产油 5.3 亿吨，其能源外交也带有平衡色彩，在继续稳定欧洲市场的同时，大力开辟非欧洲市场。

大力推进国内能源多元化，发展替代能源，减少对石油的依赖。1980 年至 2004 年，加拿大能源生产总量增加了 81%，但其能耗量只增加了 40%。加拿大生物能源、风能和太阳能等新能源的开发和利用处于世界先进行列。据统计，在加拿大能源消费结构中，石油约占 32%，天然气和水电分别约占 25%，煤和核电分别约占 9%。核电在美国电力生产中比例高达 22%，2003 年再生能源消费已经占美国能源消费的 6%。2007 年美国风能发电规模在上年 27%增幅的基础上继续增长，涨幅为 26%。由于受到乙醇燃料行业需求大增等因素拉动，美国玉米种植面积将不断扩大。日本的替代能源包括风能、太阳能、温差能、废弃物发电、燃料电池、生物发电、雪冰热量利用等。日本尤其重视发展核能，2007 年 3 月，日本内阁通过了能源政策修正案，其中规划要重点开发下一代核技术，目前其核能发电能力为 30%，预计日后将提高到 40%以上。

(4) 低碳化

自 20 世纪 90 年代初以来，随着全球气候变暖和大气环境的急剧恶化，能源的使用安全逐渐得到关注。国际社会开始以可持续发展的眼光重新审视能源安全问题，开始更多地关注由能源使用造成的全球性的生态环境问题。据统计，二氧化碳排放对全球变暖的贡献是70%，而全球二氧化碳排放量的75%则是来自煤炭和石油等化石能源的燃烧。今后由于能源消费量的递增，全球二氧化碳排放量将从2004年的296亿吨增长到2030年的429亿吨（美国能源部，2007）。二氧化碳排放量的增加必然会对全球气候造成严重影响。为了减少全球温室气体排放，联合国在1997年通过了旨在限制温室气体排放量以抑制全球变暖的《京都议定书》。当今，以煤炭、石油等为代表的化石能源占全球一次能源消费总量的87.7%。如果我们的能源消费结构不优化提高，温室气体排放量持续增加，那么将会给全球环境和气候带来灾难性后果。

鉴于日益严峻的全球环境保护压力和化石能源储量的有限性，为了满足全球不断增长的能源需求，能源低碳化发展将是确保能源使用安全的必由之路。不同能源品种的含碳量见表2-1。

表2-1　不同能源品种的含碳量

能源品种	薪柴	煤炭	石油	天然气	可再生能源（水电、风能和太阳能等）
含碳量（kg/GJ）	30.5	25.8	20.0	15.3	0

资料来源：2006年《IPCC国家温室气体排放指南》。

2. 能源安全的判断标准

能源安全的判断标准主要包括可靠的供应、合理的价格、充分的石油战略储备、畅通的运输通道和合理的能源结构等。这些因素共同构成能源安全的基础。

(1) 可靠的供应

能源供应包括国际供应和国内供应。在国际能源供应方面，能源安全供应主要是油气的安全供应。自 20 世纪 60 年代以来，世界上发生过 10 多次石油供应中断事件，其中 1973 年和 1978 年的两次石油供应中断还造成了世界范围的石油危机。目前，世界石油生产和消费还处于上升阶段，总体供需形势基本平衡。在今后较长时间内，虽然世界石油供需基本平衡，但大的能源消费国之间、消费国与生产国之间、生产国与生产国之间的矛盾将错综复杂。各国出于自身利益的考虑，在能源占有、生产配额、能源价格等方面的竞争和冲突将更加激烈，石油安全问题在一定条件下还会加剧，全球短期石油供应中断甚至石油危机的可能性还存在。在当前和今后可预见的时间里，石油安全的突出问题仍将是如何确保石油的可靠供应。由于全球石油供应链中断的潜在风险依然存在，因此油气进口品种多样化和渠道多样化是确保能源安全的必然选择。

国内能源安全供应与各国的资源条件、基础设施有关，能源资源丰富的国家需要加大投入，提高能源资源的探明程度，维持合理的生产水平。减少对外能源依存度是能源资源丰富的国家需要采取的能源发展战略。

(2) 合理的价格

石油作为当今世界最重要的能源，其价格安全就是在全球石油供求总量平衡的前提下，能把油价的波动控制在一个合理的范围内，避免石油价格剧烈波动影响经济的健康发展。造成石油价格大幅度波动的因素，主要来自石油输出国政府策略的改变、区域性冲突、石油供应链中断和石油投机等。尤其是当石油供应链中断时，石油价格将大幅度波动。从目前情况看，国际石油供求基本平衡，但受地缘政治、商业投机和美元贬值的影响，石油价格偏离正常水平。在未来二三十年内，随着全球经济的一体化，全球石油供应链将不会出现大的问题。但是，政治因素，特别是战争因素会使世界石油价格出现剧烈波动，增大人们预测油价走势的难度，动摇石油投资者和消费者的信心，进而扭曲世界石油市场格局。煤炭、天然气对石油具有一定的替代能力，其价格将随着石油价格的变化而变化。鉴于化石能源是不可再生能源，随着储量的减少和开采成本的增加，其价格将呈不断上升趋势。当化石能源剩余可采储量不到总探明储量的一半时，其价格将快速增长，人们将会转向开发和使用其他替代能源，尤其是可再生能源。

(3) 充分的石油战略储备

要确保能源供应的长期安全和持续性，最重要的措施之一就是建立石油战略储备体制。虽然可以采取政治外交安排、进口多元化、开拓国际市场、石油期货和期权交易等多种措施，但无法替代石油战略储备在维护国家社会经济安全中所起的重要作用。石油战略储备是工业经济的中枢神经，是应对紧急能源冲击的重要措施。石油储备一般由三个部分组成：一是非官方储备，所有的石油产品生产者和经营者都必须承担这一义务；二是国家储备，所储备的石油产品由国家财政负担，并由国家绝对控制；三是机构储备，石油产品生产者和经营者按比例付给这些机构储备费用。国际能源机构的成员国按照统一要求建立本国的石油储备，共同防范国际石油市场可能出现的石油供应中断的危机。自建立战略石油储备 20 多年来，全球范围内再也没有发生过类似 1973 年的石油危机。目前，发达国家石油储备的类型、储备方式及管理体制等虽然因国情各异而有所不同，但充裕的石油战略储备已成为各国能源政策的基石，在维持政治稳定和经济发展中起到了不可替代的作用。

2003年末OECD成员国的石油储备天数为90天，美、日、德三国的实际储备规模分别为158天、161天和127天，2005年，全球已经有26个发达国家建立了石油战略储备。由于爆发全球性石油危机的可能性在减小，部分国家拓宽了石油战略储备的功能，积极在抑制油价、稳定市场方面发挥作用。

(4) 畅通的运输通道

由于能源生产和消费在地域上的分离，使能源运输成为必需，而能源运输通道就成为能源进口国的生命线。能源运输通道的安全性成为能源是否安全的判断标准。很多国家的战略制定者都清楚地认识到，能源运输通道的重要性不亚于能源蕴藏和生产中心。这是因为未来国际冲突和战争不一定在能源中心区发生，而更有可能发生在能源运输通道上，采用封锁、截留或迫使其改变流向的行动，这往往比直接进攻重点防卫的能源中心更容易和更有效。目前，世界主要的能源海路运输要道包括：直布罗陀海峡、霍尔木兹海峡、马六甲海峡和巴拿马运河、苏伊士运河、曼德海峡。直布罗陀海峡是地中海进出大西洋的唯一通道，在苏伊士运河通航后，直布罗陀海峡成为连接大西洋与印度洋和太平洋的捷径，被称为“西方的生命线”。霍尔木兹海峡是波斯湾的出口，也是西方国家的“石油大动脉”。霍尔木兹海峡一旦被封锁，将对西方国家经济造成致命打击。马六甲海峡是连接中国南海和印度洋的一条狭长水道，为太平洋与印度洋之间的重要海运通道，西宽东窄，多岛礁、浅滩，战时容易封锁。海峡的东南出口处就是新加坡，可直接控制该海峡。巴拿马运河位于南北美洲最窄处，连接大西洋和太平洋，由此通过比经由麦哲伦海峡的航线缩短了5000～14000公里。苏伊士运河贯通大西洋和印度洋，承担着欧亚两洲 80%的海运任务。曼德海峡位于阿拉伯半岛西部与东非仰角之间，是连通地中海、红海和印度洋的咽喉，失去了对曼德海峡的控制，苏伊士运河的作用将降低 90%。

(5) 合理的能源结构

限制温室气体排放，缓解全球变暖将成为限制化石能源消费的主要驱动力。发达国家为了实现温室气体减排的承诺，将积极提高能源效率，开发和利用新能源和可再生能源，千方百计减少能源消费排放的二氧化碳。发展中国家也将面临更大的减排压力，尤其是以煤炭为主的能源消费国，温室气体减排的压力更大。目前，发达国家一次能源消费结构中，油气资源占第一位，占总消费的 70%左右，煤炭消费不到总量的 29%。在未来 20 年内，化石能源消费中，油气消费将进一步加大，天然气和以煤为基础的气体和液体能源将在世界一次能源消费结构中占越来越大的比例。从长期来看，稳定和减少大气中二氧化碳浓度最终要依靠可再生能源。合理的能源结构在近期应以油气资源为主，未来转向以可再生能源为主。

三　能源安全的支撑体系

1. 能源供应体系

能源供应体系包括常规能源供应和替代能源开发。可靠的能源供应体系是能源安全的重要保证。世界各国根据其经济和军事实力、自然资源条件建立各具特色的能源供应体系。常规能源供应包括国际供应和国内供应。当前能源安全的核心是石油安全，能源安全的重点是石油的稳定供应。能源供应体系包括能源生产、能源运输和能源储备。构筑稳定、经济、清洁的能源供应体系，必须立足当前，着眼长远，统筹经济社会与能源发展，统筹能源开发与节约，统筹国内开发与国外合作，以市场需求为导向，以安全供应为基础，以提高效益为中心，以优化能源结构为主线，增强自主创新能力，加快能源产业发展。

(1) 能源生产

能源生产体系包括一次能源生产和二次能源生产。一次能源生产包括不可再生能源生产和可再生能源生产。受能源资源条件的限制，在能源生产方面，各国都拥有其基础能源。例如，中东地区国家能源生产以石油为主，俄罗斯以油气生产为主，而我国以煤炭生产为主。基础能源稳定供应的前提是具备较多的能源探明储量和合理的储采比，这需要有大量的投入作保证，不断增加探明储量和能源生产能力。二次能源生产主要是电力和成品油等生产，二次能源的稳定供应取决于一次能源的提供和可靠的输送系统。电网系统因自然灾害或技术原因可能造成大面积停电，给经济发展和人们的日常生活带来负面影响，并造成巨大的经济损失。例如，我国 2008 年初雪灾造成南方电网的严重破坏。2003 年 8 月 14 日，由于电网建设滞后，造成美加地区大面积停电，造成 60 多亿美元的经济损失。

受能源资源禀赋的制约，部分国家主要依靠海外能源供应，如日本等。可靠的海外能源供应需要多元化的供应源和安全的运输通道作保证。目前，能源竞争日趋激烈，石油贸易的地缘政治在石油供应中发挥着重要作用。目前国际能源贸易主要是石油贸易。由于全球油气消费与产量面临失衡的危险，加之生产与消费在地理上的不均衡及油气经济要素的分离，能源贸易地缘政治更为复杂。能源地缘政治的核心问题是能源运输管道和石油价格问题。石油出口国希望得到较高的石油价格，获得尽可能多的收益。石油进口国则希望降低石油价格，而且保持石油运输通道畅通。一些地区冲突则可能造成石油供应的中断，这将有可能对石油进口国造成重大打击。为了化解能源进口的风险，石油进口国不仅寻求进口多元化，而且积极在石油产地投资生产石油，以确保石油的安全供应。

（2）能源运输

国际能源运输主要是海运，部分地区也采用管道运输。无论是海运还是管道运输，地区冲突都是运输安全的最大挑战。在中东地区，若霍尔木兹海峡或苏伊士运河发生局部战争，世界石油供应格局将会被打破，无论是石油生产国还是石油进口国，其经济发展都将受到严重影响。加强能源外交，构建利益共同体，才能有效化解能源运输安全问题。

能源外交是经济外交的重要组成部分，在 20 世纪 70 年代两次石油危机发生的前后，能源外交主要限于石油领域，中东石油输出国和欧美等重要石油消费国围绕石油展开了大量的外交活动。近年来，国际油价的上涨使能源外交进入新一轮活跃期，其范围也逐渐扩大到天然气、新能源和可再生能源等领域。目前能源外交主要有两类：一类是以能源为手段的外交；另一类是以能源为目的的外交。以能源为手段的能源外交主要是指由具有能源优势的国家对能源弱势的国家实施的能源外交，能源外交为政治目的服务，能源成为政治外交的武器。例如，第一次石油危机期间，阿拉伯国家对石油武器的运用，引发石油危机，促使西方国家大幅度调整其中东政策。近年来，能源价格上升和供需矛盾突出使俄罗斯、伊朗、委内瑞拉等能源输出国的地缘政治权利增加，它们纷纷利用其自身能源优势扩展国际政治和外交影响。以能源为目的的能源外交分为能源输出国能源外交和能源输入国能源外交。能源输出国能源外交主要是指输出国为推动本国能源出口，提高在国际能源市场的影响力和竞争力而展开的外交，突出表现在以外交促进能源出口和市场竞争。能源输入国能源外交主要是指开展各种形式的外交活动，确保能源稳定供应。如美国、日本和欧盟等消费国为了促进对外能源合作和保证能源供应而展开的各种外交活动。作为新兴的能源消费和进口大国，我国的能源外交也属于这一类。

(3) 能源储备

①石油储备

当前，能源安全的核心问题是石油安全，石油储备对确保石油稳定供应具有重大意义。从广义上讲，石油储备包括石油资源储备、油田产能储备和石油实物储备。狭义的石油储备是指石油实物储备，也称为应急石油储备。因此，石油储备可定义为：一国政府、特定机构和企业依法建立、能够随时投放市场的全部石油库存的总和。建立石油储备的目的是维护石油安全，应对国家、地区或全球性的石油供应中断。目前，石油储备的目的已经拓展到维持石油市场的稳定。

石油储备通常可分为政府储备、机构储备和企业储备三大类。政府储备是指政府出资建设、维护的石油储备，其所有权属于政府，储备石油的收储、动用和轮换均由政府统一安排。企业储备是指企业出资建立的石油储备，其所有权属于出资企业。企业储备包括商业储备、义务储备等。许多国家对从事石油生产、加工、流通的企业都有义务储备石油的要求。

根据国际能源署的要求，其成员国必须承担相当于 90 天净进口量的石油储备义务，但石油出口国不承担此项义务。欧盟要求其所有成员国必须建立石油储备，其确定的储备义务是 90 天的石油消费量，其中石油净进口国允许扣减 25%。2006 年，国际能源署成员国石油储备规模共 42 亿桶，平均相当于 120 天的石油净进口量。美国是全球石油储备最多的国家，2006 年储备 16.9 亿桶，政府储备和企业储备分别为 52 天和 66 天的石油净进口量。储备动用是指政府向市场投放储备石油和降低企业义务储备数量的行为。国际能源署规定，当国际石油市场的供应减少 7%时，其成员国将按同样的比例减少消费；当国际石油市场供应量减少 10%时，除要求其成员国减少 10%的消费外，将立即启动应急程序，由其理事会决定动用石油储备，并由所有成员国执行。

石油储备是减轻石油供应危机影响和经济损害程度的重要工具。由于其反应迅速，因此能较好地应对紧急事件、气候、罢工等引起的石油供应中断，降低社会成本。

②煤炭储备

与石油储备不同，煤炭储备将主要维持煤炭市场的稳定，为经济发展提供可靠的能源。对于处于重化工发展阶段和以煤炭能源为基础的国家，煤炭储备尤为重要。煤炭储备和石油储备既有共同点，也有不同点。共同点是两者都是把掌握的实物储存起来，并在市场严重短缺或国家安全受到威胁等紧急情况时使用。不同点在于：石油是液体，煤炭是固体，两者的储备手段不同；石油主要用于交通运输工具的燃料和石化工业的原料，煤炭主要用于发电的燃料和冶金、化工等行业的原料，两者的储备目标不同；石油储备主要是把原油用容器储存起来，而煤炭储备则是在国民经济需求的前提下，提高煤炭资源的勘探程度、利用率和有效储备。

建立国家煤炭战略储备的内容包括国家加大煤炭资源勘探，增加煤炭地质储量，搞好国家级大型煤炭基地建设，加大对稀缺煤种的保护性开采，保证稀缺煤种对主要行业的长久供应，坚持合理的开采力度，不能超能力生产；加大“走出去”步伐，开发国外煤炭资源。国家煤炭战略储备包括资源储备、现货储备和产能储备三种形式。一是资源储备。从采矿权收入和资源收益稳定基金中提取一定费用，建立资源勘探技术创新专项资金，储备一批可供建井开采的精查储量，能源吃紧时立即投放一级市场。二是现货储备。在煤炭主产地、转运和交易中心，以及负荷中心、交通枢纽城市，规划布局国家级资源储备库，承担大区域性的战略储备和调剂功能。三是产能储备。以专项法律或产业政策的形式，要求大型煤炭企业按适当比例进行产能储备，一旦市场出现价格的巨大波动和供应链的异常变动，可确保即时启动和适时调度。

加快建立煤炭期货市场。利用期货市场“价格发现”和“规避风险”的功能，增强煤炭供需双方抵御煤价波动风险的能力；减少中间流通环节，提高煤炭交易的效率，节约交易成本，以形成真实反映国内客观供求关系的煤炭价格指标体系，建立可预期的、有保障的电煤供应市场。

2. 能源管理

(1) 能源发展战略

在经济全球化、世界政治格局多极化的今天，由于能源问题与世界政治、经济、军事和外交斗争紧密交织在一起，保障能源供应安全、建立世界能源安全供应体系就成为当今世界各国能源产业管理的重点。

当前世界的能源问题主要是石油问题，世界上绝大多数国家把石油安全置于能源战略的核心位置。随着各国大能源规划的研究制定，势必引发电力、石油、天然气、煤炭、核能等多个能源产业的整合和重组，最终形成大能源产业链。由于能源产业涉及国家重要战略物资以及电网和油气管网的建设和运行等国家经济命脉，所以世界各国都有自己的能源产业监督和管理部门，并形成相应的能源产业管理部门。

多数发达工业化国家能源需求具有进口依赖性，其能源产业战略明显受到多种国际和国内因素影响，包括地缘政治、宏观经济、环境发展、能源资源的地质储藏状况及地质特征情况和科技进步等。目前西方发达国家都把能源的安全稳定供应作为其重要的能源战略，能源供应多元化、海外能源开发和开发新能源和可再生能源成为各国能源战略的重要组成部分。

美国在2005年8月发布《2005年国家能源政策法案》，鼓励企业和个人使用可再生能源和清洁能源，鼓励能源开发和拓宽新的能源，从而减少对海外能源的依赖，确保长期的能源安全。2006年10月，美国能源部发表了新的能源战略规划，其主要内容包括：①扩大可再生能源的开发利用；②增加传统燃料的国内生产；③加强能源基础设施建设；④加强海外能源开发。

欧盟50%以上的能源依靠进口，各成员国逐渐意识到建设欧盟共同能源政策的重要性，并将能源问题提升到共同外交与安全的战略高度。2003年3月，欧盟委员会对外正式公布了

《能源政策绿皮书》。其目标是：①可持续性。开发具有竞争力的可再生能源、其他低碳能源和载体；抑制能源需求；领导全球共同努力阻止气候变暖，改善空气质量。②有竞争力。开放能源市场，使消费者和经济发展受益，鼓励生产清洁能源和提高能源效率的投资；减轻国际能源价格高涨对欧洲经济和居民的影响。使欧洲始终处于能源技术的前沿。③供应安全。降低需求，增加本地资源，加强能源结构多元化，进口来源和运输路径多元化，控制欧盟能源对外依存度；建立激励机制，满足能源投资需求；提高欧盟应对突发事件的能力；为欧洲公司在全球各地获取资源创造条件；确保居民和企业获得能源。

日本政府在2006年5月发布了《新国家能源战略》，提出以下能源战略：①节能先进基准计划；②未来运输用能源开发计划；③新能源创新计划；④核能立国计划；⑤资源综合保障战略；⑥亚洲能源环境合作战略；⑦强化国家能源应急能力；⑧未来能源技术战略。

俄罗斯是能源资源非常丰富的国家，俄罗斯的能源发展战略包括：①加强能源勘探开发；②形成合理的燃料能源结构；③减少能源开发对环境的影响；④不断加大风能、太阳能、生物质能等可再生能源在能源结构中的比例；⑤实施石油战略储备，第一期的目标是储备石油1000万吨，相当于俄罗斯国内市场石油年消费量的10%左右。

（2）能源管理体制

按国家宏观能源管理机构级别的高低，以及集中和分散来划分，当今世界能源管理体制大致有三种模式。一是国家高级别的集中的能源管理模式，即由国家能源部或燃料动力部等集中管理全国能源，主要国家有美国、俄罗斯、澳大利亚、南非、印尼、土耳其、哥伦比亚、西班牙、韩国等。以美国为例，20世纪70年代的两次石油危机促使美国重视能源管理。1977年，美国正式成立能源部，如今美国能源部职员超过5000人，主要从事国家能源政策法规、能源战略、能源经济、能源信息等方面的管理和服务。二是以印度为代表的高级别的分散的能源管理模式，设有煤炭部，这与我国计划经济时代的能源管理模式相似。三是以日本和德国为代表的低级别的集中的能源管理模式。日本在其经济产业省（原通商产业省）设有资源能源厅管理全国能源，我国仅在国家发改委下设国家能源局。

能源工业是基础产业，是国家发展的最基本动力之一。虽然人们将能源工业划归第二产业，但实际上，能源产业具有第一产业农业的某些特征。例如，农产品和能源产品的市场需求都具有刚性特征。因此，不能用管理一般工业的体制来管理能源工业。当今世界能源竞争激烈，能源价格波动影响各国经济增长和社会生活，能源与环境的关系越来越被人们关注。2001年我国加入WTO后，我国能源产业生存发展的外部环境已发生了巨大变化，我国能源的宏观管理体制改革应借鉴世界能源生产和消费大国的经验教训，应由局部改革进入整体改革的新阶段。

能源管理体制的选择应当由各国的能源生产的复杂性、能源生产和消费的规模来确定。对于能源消费大国，能源管理体制往往比较简单。而对于能源生产和消费大国，能源管理则比较复杂，适合采用高级别的集中的宏观能源管理模式。高级别的集中的宏观能源管理模式有利于保证国家能源安全，有利于科学地制定国家能源发展战略、目标和政策法规，有利于优化能源结构和能源经济结构，有利于理顺煤炭、电力和石油等能源产业的管理体制而降低国家的能源管理成本，有利于延伸能源上下游（如一次能源向二次能源转化等）产业链和能源企业跨行业集团化发展，有利于新能源研究开发和应用，有利于能源与环境的和谐发展，有利于各国能源产业的国际竞争和合作。

3. 能源节约

能源消费是能源安全的重要组成部分。能源效率的提高能够有效地降低能源需要，从而缓解能源供应的紧张局面。节能不是简单地压缩能源的消耗，而是在使用能源的各方面减少浪费，提高有效利用程度，以尽可能低的能源消耗取得最大的国民经济效益。能源利用状况的好坏一般表现为能源效率的高低，衡量能源效率的指标可分为单位国内生产总值能耗、单位产品能耗和物理能源效率三类。节能可通过经济节能和技术节能来实现。经济节能主要通过调整经济结构和加强能源管理来实现；技术节能则通过实施技术改造和采用高新技术等来实现。

(1) 单位国内生产总值能耗

单位国内生产总值能耗是指产出一定数量国内生产总值所消耗的能源，单位国内生产总值能耗在一定程度上反映了经济增长对能源消费的依赖程度。目前，国际上按照汇率和购买力平价法计算。按官方汇率计算，2003 年我国单位国内产值能耗为日本的 8.2 倍，OECD 的 4.3 倍，世界平均值的 3.1 倍。按购买力平价计算，则我国仅比日本高 27%，甚至比美国低 13%（见表 2-2）。国际上的一般看法是，发展中国家按汇率计算的单位产值能耗被明显高估，而按购买力平价计算又可能偏低。一些国家对汇率进行政府干预，导致汇率偏离市场价值，从而影响国际单位产值能耗的可比性。随着经济全球化的深入，汇率也将更多地由市场决定。在实行货币自由兑换的国家，按汇率计算和按购买力平价计算的单位产值能耗偏差不大。因此，从总体上看，按汇率计算比较可靠。

表 2-2　单位国内产值能耗的国际比较

单位：吨油/百万美元 GDP

国家和地区	按汇率计		按购买力平价计	
	1995 年	2003 年	1995 年	2003 年
中国	1184	866	765	194
美国	262	221	266	224
欧洲	221	203	181	165
日本	113	106	163	153
俄罗斯	2586	2066	637	509
印度	719	619	137	117
OECD	223	201	215	192
非 OECD	644	567		
世界	306	281		

资料来源：《日本能源经济统计手册》，日本能源经济研究所，2006 年。

（2）单位产品能耗

单位产品能耗是指生产单位产品所消耗的能源。单位产品能耗的降低对单位能源降低的贡献度约为 33%。工业产品单位能耗的降低主要来源于节能关键技术的突破和推广应用。例如，钢铁工业的连续铸轧技术、干熄焦技术，电力行业的超临界发电技术和煤气化联合循环发电技术，建材行业的窑外分解技术等。此外，建筑节能技术的推广使用，可以使建筑领域的单位面积能耗不断下降。单位产品能耗具有较强的可比性，随着节能技术的推广，我国单位产品能耗与国际先进水平的差距明显缩小。火电供煤煤耗的差距从 1990 年的 28.6%下降到 2005 年的 18.6%，钢可比能耗、水泥综合能耗和乙烯综合能耗的差距也明显缩小（见表 2-3）。

表 2-3 部分高能耗产品能耗的国际比较

	1990 年		2000 年		2005 年	
	中国	国际先进	中国	国际先进	中国	国际先进
火电供电煤耗（gce/kWh）	427	332	392	316	370	312
钢可比能耗（kgce/t）	997	629	784	646	714	610
水泥综合能耗（kgce/t）	201	123	181	126	153	127
乙烯综合能耗（kgce/t）	1580	857	1212	714	986	629

资料来源：《2006 年节能手册》，节能与环保出版社 2006 年版。

（3）物理能源效率

物理能源效率通常用热效率来表示。国际通行的定义为：在能源开采、加工、转换、储运和终端利用的活动中所得到的起作用的能源量与实际消耗的能源量之比。能源加工、转换和储运为中间环节。终端能源消费等于一次能源消费量扣除能源工业所用能源以及加工、转换、储运损失后，供终端用户使用的能源量。中间环节效率与终端利用效率的乘积为能源效率。不能把终端能源效率混同于能源效率。按照以上定义可以计算出我国物理能源效率（见表 2-4）。计算结果表明，1989—2005 年，我国物理能源效率提高了 8.3 个百分点。其中中间环节效率下降 2.8 个百分点，主要由于一次能源转换成电力的比例上升；终端利用效率提高了13.5个百分点，主要由于高能耗产业推广新工艺、新技术，以及民用和商业部门高效优质能源所占比例大幅度上升。近15年来，我国物理能源效率明显提高，但提高幅度低于单位产值能耗下降率（1995—2003年下降27%），这主要是由于经济节能发挥了更大的节能效果。2005年，我国能源系统的总效率只有13%，比国际先进水平低8个百分点。

表2-4　我国物理能源效率　　单位：%

	1989年	1997年	2000年	2002年	2004年	2005年
1. 开采效率	31.1	33.0	33.5	33.3	35.4	35.8
2. 中间环节效率	72.4	68.8	67.8	67.3	68.6	69.6
3. 终端利用效率						
农业	28.0	30.5	32.0	32.0	33.0	33.0
工业	40.5	46.3	49.6	49.0	53.4	53.4
交通运输	25.4	28.9	28.1	28.0	28.1	28.6
民用和商业	42.5	54.8	66.2	68.1	70.8	71.5
合计	38.7	45.3	49.2	49.6	52.1	52.2
4. 能源效率（2×3）	28.0	31.2	33.4	33.4	35.7	36.3
5. 能源系统总效率（1×4）	8.7	10.3	11.2	11.1	12.6	13.0

资料来源：《2006年节能手册》，节能与环保出版社2006年版。

4. 能源技术

综观人类历史发展进程，科学技术是推动能源变革和更替的根本动力。在世界能源资源和环境约束不断加剧的形势下，加快能源科技创新，掌握未来新能源技术发展的主动权，对维护国家能源安全具有战略性的决定作用。加快能源科技创新需要建立中长期能源科技战略，有重点分步骤开发先进的能源技术。能源技术的开发将向清洁化和低碳化方向发展，新能源和可再生能源的开发将在能源开发中占据越来越重要的地位，最终必将替代传统的化石能源而成为人类能源的主要来源。

从长远观点来看，各国都将根据各自能源生产和消费的特点改进和完善下列技术。

（1）节能技术

世界各国都需要发展节能技术，提高终端能源利用效率。尤其是在高能耗产业，需要不断地开发新技术和新工艺，以提高能源利用效率。另外，广泛推广使用各种民用节能产品，提高建筑节能水平等，都能显著降低能源消耗。目前，绝大多数国家将节能作为能源发展战略的一部分。

（2）洁净煤利用技术

煤炭的利用将从煤直接燃烧技术转变到基于煤气化的技术。煤气化技术本身能够去除 SO_2，从而可生产清洁的液体、气体燃料和其他能源品种，例如煤气化联合循环发电等。煤炭是地球上目前探明储量最大的化石燃料，也是温室气体排放强度最大的化石燃料，在未来较长时间里，煤炭仍将是世界重要的一次能源之一。因此，发展洁净煤技术不仅可提供可靠的能源供应，而且还能有效地减轻环境污染。

（3）可再生能源技术

从可持续发展观点看，人类当前主要依靠的化石能源终将耗竭，可再生能源必将成为能源供应的主角。近年来，世界已开始了向可持续能源系统过渡的努力，发展可再生能源是主要措施之一。水力发电已经成熟，发达国家的水电资源基本都已经开发，发展中国家的水电资源在今后 10～20 年内将实现全面开发。未来可再生能源规模化发展重点将主要集中在风能、太阳能和生物质能方面。

①风能

风力发电技术由于技术逐步成熟、经济性能改善、政府政策支持，产业发展迅速。2005 年，世界风力发电的总装机容量达到 6000 万千瓦。2007 年，我国风力发电装机能力约 500 万千瓦。风力规模化开发需要进一步精细化调查风资源，加快超大型风力发电机组的开发（单机 5000 千瓦以上），科学安全地开发海上风电，解决好大规模风电电网的稳定问题。

②太阳能

太阳能是最主要的可再生能源，太阳能大规模开发包括光伏发电和太阳能热发电。

光伏发电主要用于三个方面：一是为无电地区提供小型、独立和分散的离网电源；二是与建筑结合的联网发电；三是在荒漠地区发展集中的超大规模光伏基地。光伏发电已经得到实际应用，2005 年世界累计装机容量达到 540 万千瓦，2006 年我国光伏发电装机能力达到 8 万千瓦。光伏电池是光伏发电系统的核心，其成本占系统总成本的 70％以上。

太阳能热发电是将太阳能辐射能加热工质，再由蒸汽驱动汽轮发电机发电，太阳能热发电的主要困难在于太阳能辐射功率密度低及随季节、昼夜和气候条件的变化而变化。自 20 世纪 70 年代后期以来，国际上已建成了槽式、塔式和盘式三种太阳能热发电系统的示范电厂，槽式达 35.4 万千瓦，塔式达 1 万千瓦；但最近 10 年来没有明显的进展。与光伏发电相比，太阳能热发电的优点在于使用大量已产业化的装备、工艺和材料，在已有的产业基础上能很快发展到单机容量几十万千瓦的规模。

③生物质能

生物质能规模化开发前景广阔。传统的生物质能是指贮藏在农、林业废弃物，粪便和垃圾等生物体中的能量。现代的生物质能包括用粮食和油料作物制造乙醇、生物柴油和二甲醚等液体燃料。生物质能不仅可以发电和供热，而且还可以生产液体燃料、固体颗粒燃料和沼气等。近年来，生物质能发电及供暖呈快速增长趋势，总装机能力达到 4400 万千瓦。2005 年，全世界燃料乙醇年产量达到 3500 万吨，美国和巴西各 1500 万吨。巴西主要以甘蔗为原料，美国主要以玉米为原料。生物柴油的应用也快速增长。2005 年，全球生物柴油的年产量达到 39 亿升。粮食问题已经与能源问题一样受到世界关注，将粮食转化为能源不过是从一种稀缺资源转化为另一种稀缺资源，不具有可持续性。未来生物质能液体燃料的开发应遵循不与民争粮、不与粮争地和不与林争地的原则。大规模发展能源植物和开发植物纤维生产乙醇等技术将是发展生物液体燃料的方向。

四 能源安全的国际合作

进入 21 世纪，各国发展所面临的外部环境发生了重大变化，不能再靠殖民地的方式掠夺资源。资源市场的国际化使各国意识到协调与合作才是共同应对能源风险、保障能源安全的重要途径。1974 年建立的国际能源署就很好地促进了成员国之间的能源合作，该组织在建立紧急石油储备、国际合作机制方面协调各国行为，增加了各国抵御能源风险的能力。

欧盟在国际能源合作方面也非常成功。欧盟制定了确保能源供应安全、提高能源产业国际竞争力和可持续发展三大战略目标，大力提高了其在能源领域的国际谈判地位。欧盟尤其注意同国际能源署的合作，在国际能源论坛同欧佩克保持密切对话，欧俄之间也有正常的能源合作机制。在经济快速增长的亚太地区，多种能源合作机制建设正在展开，如中国、日本、韩国、印度和美国五国就能源安全加强对话；东亚能源合作机制建设正在热议之中，中、日、韩三国同意进一步推动三方能源对话；许多亚太国家还拟携手推进利用清洁能源计划。

1. 国际合作的标准和措施

多数学者认为合作，就是行为体通过政策协调过程，调整自身行为以适应其他行为体实际或预期的偏好。合作概念强调政策协调是合作的必要条件；合作会使行为体达到预期的目标，带来收益和回报。

未来世界能源需求的变动趋势对国家能源安全的影响，将主要集中在各消费中心地区或各消费大国间的竞争，即主要能源需求者之间的竞争。能源竞争既可形成合作，也可造成冲突。乐观派认为，资源短缺与国际资源冲突之间并不是直接的对应关系，只有在资源短缺的同时国际制度不健全，以至于不能解决这种短缺的时候才会发生资源冲突。未来能源供需矛盾将通过其他结构性力量的发展得以解决，即用经济学术语来说，各种结构力量是可以边际替代的。资源冲突都是有原因的，如果能够预测冲突可能会在哪里发生，并提供减缓潜在冲突的可能途径，那么资源冲突完全可以避免，并可能引导资源合作。健全国际资源管理机制是国际资源合作的关键。国际资源管理合作机制包括：①控制资源分配和性质；②机制的建构本身有能力适应变动的政治和环境条件；③推动产生双赢的解决资源问题的办法；④非合作结构性冲突解决机制等。各国在经过激烈的能源竞争后发现，最有利的方式是达成协议，形成“多赢”局面。从合作形式来说，可以是国家间的正式合作，也可以是具体项目的非正式合作；从合作主体来说，可以是国家、政府，也可以是跨国公司或国际组织；从合作的层次来说，可以形成某种资源的合作机制，也可能最终建立资源共同体。

关于能源安全国际合作的标准，学者罗伯特·利伯认为，能源安全合作的标准在三个不同状态间变动：没有突发事件的时期；供应短缺在国际能源机构紧急情况反应机制规定的限度以下；完全的能源危机。第一种状态提供了最广泛的合作机会，其共同目标是通过降低对进口石油的依赖，实施国家或多边危机预警机制，防止突发性油价上涨，减轻石油供应中断的脆弱性，控制早期价格上涨带来的经济影响。

能源安全合作的具体措施包括：①调整能源模式使进口石油来源多样化，增加替代能源成本价格，增加非欧佩克国家的原油生产，加快非石油能源的生产和使用，提高能源利用效率。②采取替代能源成本价格、放松宏观经济调控和国际货币政策等经济政策，努力控制出口竞争。③通过达成危机预警措施和行为规范协定，为能源危机做好准备，扩大政府和私人石油储备，增加生产能力。④对能源生产国开展外交关系，促进能源合作，保证能源的稳定供应。⑤针对海湾地区和意外事件进行和平时期军事建设，努力预防对这些地区能源供应的威胁。在完全的能源危机和能源供应短缺这两种状态下所进行的能源安全合作是一种反应式的被动合作，这种合作非常困难，甚至无法进行。

能源合作一般可分为三个阶段。第一阶段为达成能源安全合作共识阶段。国家间经过多次博弈和竞争，开始认可有诚意的双边讨论。第二阶段是国家作出决策的阶段。决策包括国内政策协调和外交协调。对于国内能源政策的协调来说，为了实现能源安全合作，国内的次级行为体也应当配合国家的能源战略和决策。外交协调包括对有关国家的劝说和向有关国家的保证。本阶段需要达成许多合作协议。第三阶段是执行阶段。这一阶段的中心任务是监督和执行协议，防止背叛，适当惩罚。

2. 国际合作的驱动力

能源安全国际合作的动力机制有两种：政府认同主导的动力机制；市场利益驱动的动力机制。在市场经济不太完善的国家，由于国家把能源本身作为国家权力的一部分，因此，政府往往把国家的能源安全放在战略高度，由国家资助能源开发和投资。这种资助通常包括最低限度的调控和指导。能源机构和组织有可能从国家调配提供的资金中获利，因此不能在完全自由的条件下从事能源投资和开发。开展国际能源合作也只能由政府主导。以上合作的动力机制为政府认同主导的动力机制。但是在很多经济发达国家，市场竞争和政府作用有别于传统的计划经济国家和经济转型国家。现代工业化国家的市场经济非常发达和完善，市场竞争能够在完全自由的条件下进行。国家已经把能源作为进一步获得权力的手段，通过这一手段来探索国家控制下的能源开发和投资活动。为此，国家建立了一批完善的能源机构以达到这一目的。1973 年第一次石油危机之后，以美国为首的西方发达国家成立了国际能源署，能源巨头相互之间的竞争也基本遵循了市场经济原则。国家之间的能源合作也主要在各个能源机构与跨国能源公司之间进行。这种合作的动力机制为市场利益驱动的动力机制。

政府认同主导的动力机制具体表现为：欠发达国家和发达国家就能源安全相互依赖的现状达成共识，发达国家除了能源需求外，还有其他方面的需求，如人权、民主等；欠发达国家进行国内能源体系改革，需要发达国家的技术援助和资金。双方就能源合作进行成本收益的计算，最后决定是否采取合作方式。政府认同主导模式的动力机制始于政府，其动力不是来源于市场的经济利益，而是来自国家对能源安全的担忧和未雨绸缪，其推动者是欠发达国家的政府。市场利益驱动的动力机制具体表现为：能源供给小于需求，能源价格上涨，能源危机感上升，需要加大能源投资与开发，发达国家开始寻求合作；反之，能源价格稳定、能源供应充足时，国家和公司开发新能源的动力不足，导致能源合作减少，市场能源供应量减少，价格再次上升。市场利益驱动的动力机制始于市场，其动力来自市场的能源利润，推动者是发达国家的跨国公司和欧佩克国家。

在不同地区，能源安全合作的动力机制是不同的。在发达的欧洲地区，合作基本上是市场利益驱动的动力机制；而在亚洲，由于各国市场发展水平不一致，要形成市场利益驱动的动力机制还存在困难，但这一地区发达的工业国家和欠发达的能源进口国并存，有条件形成政府认同主导的动力机制。

3. 能源国际合作机构

由于石油价格持续上涨和对环境保护的重视，能源安全及相关环境问题是目前国际社会的焦点话题，能源方面的国际合作也更加受到重视。目前国际能源合作呈现的趋势包括：能源合作层次越来越高，能源组织结构日趋复杂，能源国际合作活动日益频繁，能源合作范围不断扩大，能源问题越来越多地与环境和气候变化问题挂钩。当前世界上已形成各种各样的国际能源合作机构，从各个侧面解决世界的能源问题。

(1) 国际能源论坛

国际能源论坛是世界能源生产国与消费国之间的非正式对话机制，每两年举行一次部长级会议。2002 年 9 月成立秘书处，设在沙特首都利雅得。秘书处的职能是协调国际能源论坛活动，保持能源生产国与消费国之间的交流渠道，加强政治层面关于能源问题的非正式对话。

(2) 世界能源理事会

该组织成立于 1924 年。现有成员 99 个，总部设在英国首都伦敦。世界能源理事会是非政府、非商业化的全球性能源国际组织，其宗旨是交流能源开发利用战略及能源与环境、能源与社会发展宏观经济政策，研究能源与国民经济间的重大关系，促进能源的安全、有效和持续供应。

(3) 能源宪章

为了稳固和发展西欧与苏联、中东欧间的能源合作，荷兰总理柳别尔斯于 1990 年 6 月提出建立欧洲能源共同体的建议，1991 年 12 月 17 日，来自世界 53 个国家的代表签署了《欧洲能源宪章》。该宪章提出，各成员国应以积极开展政治和经济领域的合作为宗旨，以非歧视和市场导向的价格体系为原则，以提高能源生产和供应的可靠性与安全性为己任，最大限度地保证能源生产、运输和利用等各环节的效益。能源宪章的最高决策机构为代表大会，所有缔约国均是大会成员。代表大会每年召开两次会议，以讨论缔约国在能源合作中存在的问题，起草和批准相关文件。代表大会秘书处设在比利时首都布鲁塞尔。代表大会还下设投资、贸易、运输和能源效率四个工作组。

(4) 国际原子能机构

1957年10月，国际原子能机构正式成立，总部设在奥地利首都维也纳。截至2006年2月，国际原子能机构共有139个成员国。国际原子能机构的宗旨是扩大原子能对世界和平、健康和繁荣的贡献，确保由机构本身，或经机构请求，或在其监督管制下提供的援助不用于任何军事目的。

(5) 国际能源署

国际能源署是一个政府间多边能源组织，总部设在法国首都巴黎。该组织于1974年由几个主要发达国家发起成立。初期的主要目标是建立成员国的石油储备机制，减轻石油供应中断和价格剧烈波动造成的冲击；同时，开展市场分析和成员国间政策协调，以便更准确地进行市场预测，有效降低成员国的石油依赖。20世纪80年代以前，国际能源署被视为发达国家对欧佩克进行制约的“石油消费国”俱乐部。随着全球能源市场、能源消费结构和模式的不断变化，国际能源署的职能逐步扩大。目前，国际能源署已成为全球比较权威的能源统计机构和最大的多边政府间能源技术合作协调机构。国际能源署目前有26个成员国。

国际能源署历史上曾三次启动应急机制。最近一次是2005年美国遭受卡特里娜飓风袭击。为防止美国石油生产能力受损导致供应短缺和油价上涨，国际能源署成员国集体行动，向市场投放6000万桶石油储备，及时改善了市场状况。

（6）石油输出国组织

石油输出国组织（欧佩克）于1960年9月14日在伊拉克首都巴格达成立。1961年在日内瓦成立秘书处，后于1965年移到维也纳。到2007年1月，欧佩克成员国有12个。该组织成员国拥有世界石油探明储量的75%，其产量和原油交易量分别占全球的40%和60%。

欧佩克的宗旨是协调成员国的石油政策，通过消除有害的、不必要的价格波动，确保国际石油价格的稳定，保证成员国在任何情况下都能获得稳定的石油收入，并为石油消费国提供充足、经济、稳定的石油供应。

（7）亚太经济合作组织能源合作

亚太经济合作组织（APEC）能源合作以两种方式进行：APEC能源工作组；APEC能源部长会议。APEC能源工作组成立于1990年，是APEC框架下基于自愿和协商一致原则的区域性能源论坛。近年来，能源工作组提出了许多新的倡议，促进了各成员国在能源需求与能源展望、能源效率、能源基础设施建设、能源市场改革、新能源与可再生能源、能源可持续发展和能源安全等领域的交流和合作。APEC能源部长会议一般每两年举办一次，第一次会议于1996年8月在澳大利亚首都悉尼召开。

另外，世界上还有许多区域性能源合作组织，例如东盟+3能源合作、东亚峰会能源合作、中亚区域能源合作和上海合作组织能源工作组等。

五　能源安全评价方法与指标体系

1. 能源安全评价方法

分析和评价能源安全的方法很多，尤其是分析能源使用和人口剧增后对环境产生的影响压力问题。目前主要分析方法有 CGE 能源模型分析法和可持续发展分析法。

(1) CGE 能源模型分析法

CGE 能源模型基于可计量一般均衡模型和生态足迹分析法。

①可计量一般均衡模型（CGE）

可计量一般均衡模型是根据经济学家瓦尔拉斯的一般均衡理论建立起来的反映所有市场经济的活动模型。它用一组方程描述经济系统供给、需求及市场关系，着眼于经济系统内的所有市场、价格、各种商品和要素的供求关系，要求所有市场都达到供求均衡。CGE 模型引入通过价格激励发挥作用的市场机制和政策工具，从而将生产、需求、国际贸易和价格等有机地结合在一起，更适合在混合经济条件下，不同产业、不同消费者应对由于政策变化或外部冲击所引起的相对价格变动。CGE 模型的特点主要有：一是供给和需求函数明确地反映出生产者追求利润最大化和消费者追求效益最大化的行为。二是数量和相对价格都是内生的，资源配置方式是由这种具有瓦尔拉斯一般均衡结构特点的模型所确定。三是模型重点在于经济体中的实物层面，经济体的资源在模型中得到了充分体现和利用。迄今为止，CGE 模型已经应用于气候变化政策分析、污染控制政策分析、贸易自由化对环境的影响分析、环境质量对经济系统的影响分析等。

从 CGE 模型所要描述的经济结构和所依据的一般均衡理论来看，CGE 的方程组分为供给部分、需求部分和供求关系部分。

②生态足迹分析法

生态足迹分析法是近年来提出并应用于评价生态容量和生态承载力的一种新方法，得到许多学者的肯定和采用。生态足迹被定义为：一只负载着人类与人类所创造的城市、工厂、道路、农场……的巨脚踏在地球上留下的脚印。生态足迹概念反映了人类对地球的影响，它包含了可持续机制。生态足迹分析法是 1992 年由加拿大生态经济学家 William Rees 等提出的一种度量可持续发展程度的生物物理方法，即基于土地面积的量化指标。生态足迹分析法从需求面计算生态足迹的大小，从供给面计算生态承载力的大小，通过对两者的比较，评价研究对象的可持续发展状况。生态足迹分析法的理论基础包括：生态生产性土地和全球生态标杆、生态容量和生态承载力、人类负荷和生态足迹、生态赤字和生态盈余。生态足迹分析是在计算生态足迹和生态容量的基础上，以两者之差（大于 0 为生态赤字，小于 0 为生态盈余）来表征人类活动对环境所造成的影响。

③能源 CGE 模型的能源安全评价

能源的最终消费主要来源于产品和服务的生产行为，在一定的技术水平条件下，消费水平的提高必然导致能源消费的提高，一定的最终消费可以通过各种各样的初始能源组合来完成，而每一种能源的生态足迹转化率是不同的。为此，可以建立能源使用安全 CGE 模型，将能源的最终需求、一次能源转换矩阵、能源生态足迹转化率和本区域的能源生态承载力联系在一起，清晰地表达一次能源转换矩阵、能源土地转化率、能源土地可持续承载力等与生态足迹的关系。能源使用安全分析可分四个步骤：一是利用可计量一般均衡模型估计国内最终一次能源的需求。二是利用投入产出分析计算国民经济各个部门的产量。三是利用各个部门的产出能源投入系数和单位产出能源转换系数计算国内各部门一次能源需求、CO_2 排放和能源转换效率及能源替代效率。四是计算能源生态足迹和生态赤字状况。

(2) 可持续发展分析法

安全的能源供应和消费应该是可持续发展的。因此，可持续发展指标是衡量能源安全的重要依据。

可持续发展概念的提出已有 20 多年，世界环境与发展委员会 1987 年在《我们共同的未来》中指出：可持续发展就是满足当代人的需要，又不损害后代人满足其需要能力的发展。可持续发展要遵循公平性、持续性和共同性原则。

率先开展可持续发展指标体系研究的是 1995 年联合国可持续发展工作计划，该计划开发了一套包含环境、社会、经济和制度的综合评价体系。国际原子能机构于 1999 年启动了“可持续发展能源指标”项目，推动了专门针对能源可持续发展指标的研究。该指标体系的设计目的是为研究和决策者提供可持续发展能源问题的分析和决策辅助工具，系统地提供能源、经济、环境以及社会方面的数据，表达这些数据的内在联系，以便进行对比、趋势分析以及在必要的情况下进行政策评价。

经济合作与发展组织提出了反映可持续发展的能源安全评价框架，即“压力—状态—响应”模型（PSR，Pressure-State-Response），为较全面地评价能源安全提供了方法。该模型从指标产生机制方面着手构建评价指标体系，描述可持续发展的调控过程和机制问题，主要目的是解释发生了什么、为什么发生以及如何应对这三个问题。

能源安全评价框架中的“压力”指造成不可持续的经济活动，包括生产和消费模式，以及对可持续发展产生“负效应”的活动，如能源资源耗尽和环境污染；“状态”则反映可持续发展应具备的基本状态；“响应”指促进可持续发展进程中所采取的有效对策。PSR 简要和概念化地揭示了能源安全评价的全过程。利用 PSR 概念框架的构建方法和思路，结合我国能源安全的自身特点，有助于解释影响我国能源安全的各类因子的相互作用过程及其所产生的结果，从而制定保障能源安全的政策和战略。

2. 能源安全指标体系

（1）能源供应安全指标体系

能源供应安全是能源安全追求的基本目标，根据影响能源安全的诸因素，构建正常秩序条件下能源供应安全的指标体系。影响能源供应安全的因素包括国内经济因素、安全控制力因素和能源本身因素。

①国内经济因素

对能源供应安全影响较大的国内经济因素主要有国内经济运行情况、国际化程度、金融环境、基础设施、企业管理和科学技术水平六个方面。

国内经济运行情况主要采用GDP和产业结构方面的指标进行衡量。GDP方面可选择GDP实际值和GDP年增长率；产业结构方面包括工业、农业和服务业三大产业的比例及实际增长率。

国际化程度主要采用贸易绩效、国家保护、外国直接投资和文化开放程度四个方面的指标。

金融环境主要采用资本成本回报率、金融效率和金融服务方面的指标。

基础设施主要从技术基础和运输基础设施两方面选择指标。

企业管理主要从企业绩效、管理效率，以及研究和开发资源三个方面选择指标。

科学技术水平主要从科学研究、专利状况和技术管理三个方面选择指标。

②安全控制力因素

安全控制力因素主要包含政府控制力、军事力量和国民素质三个方面。

政府控制力主要从社会稳定性、政府理财能力和政府管理效率三个方面选择指标。

军事力量主要从现役军人数量、可动员军人数量、交通能力对军事行动的支持等方面选择指标。

国民素质主要从教育程度、生活质量和资源意识三个方面选择指标。

③能源本身因素

能源方面主要从能源储量、能源消费、能源运输、能源进口、能源自给、能源价格和其他资源因素七个方面选择指标。

能源储量主要包括资源储量和主要能源储采比等指标。

能源消费主要包括能源消费结构、能源消费总量、人均消费量和能源消费份额等指标。

能源运输主要包括运输距离、运输方式和运输线的安全性等指标。

能源进口主要包括进口国因素、主要能源净进口和能源进口对外依存度等指标。

能量自给主要指本国能源供给量满足需求量的比率，一般用能源自给率反映。

能源价格主要包括国际能源价格和能源价格波动等指标。

其他资源因素主要采用社会生态系统平衡、可再生能源及新能源开发潜力和其他资源状况等指标。

④能源安全度确定

建立能源安全度模型，通过层次分析法、专家调查法和熵权法等确定各因素层和指标层的权重。根据确定的各个层次及各个指标的权重值，再结合底层指标的定量值，自下而上，直至计算出总目标——国家能源供应安全分值。根据国家能源供应安全得分高低对能源安全进行分类。

（2）能源使用安全指标体系

能源使用安全是指能源消费不应对人类自身的生存和发展环境构成任何威胁。能源与环境问题是近年来世界关注的热点问题。能源消费在促进社会繁荣进步和经济快速发展的同时，也给人类带来了严重的环境问题。

能源使用安全指标体系包括：国民经济各部门（10个部门）的投入产出指标、各部门的产量指标、各部门的能源需求指标、能源生态足迹指标、化石能源生态足迹指标、电力生态足迹指标、人均生态足迹指标、能源生态承载力指标等。

能源对环境的影响主要表现在大气污染，因此能源生态承载力一般采用国家的森林生态承载力进行计算。通过比较人均能源的生态承载力和人均能源生态足迹，可以对能源安全度作出判断。当人均能源的生态承载力比人均能源生态足迹小时，就会出现能源生态赤字，表明能源使用不安全。

(3) 可持续发展能源指标体系

国际原子能机构组织构建的可持续发展能源指标体系涉及社会、经济和环境三大领域，包含 30 个核心指标。其结构自上而下，各个领域包含了主题、子主题和指标三个层次。

①社会领域

社会领域包括公平和健康两个方面。公平方面包括依赖非商品能源的家庭或人口比例、家庭收入中燃料和电力开支的比例和各类收入群体的家庭能源用量和燃料构成三个指标。健康方面指标为各燃料链的事故死亡人数与能源产量的比例。

②经济领域

经济领域主要包括能源利用和生产方式、能源保障两方面。能源利用和生产方式主要包括人均能源消费、单位 GDP 能源消费、能源转换和输送效率、产量/储量比、产量/资源量比、工业能耗强度、农业能耗强度、服务业/商业能耗强度、家庭能耗强度、交通能耗强度、能源和电力的燃料结构、能源和电力中无碳能源比率、能源和电力中可再生能源比率、不同燃料不同领域的末端能源价格等 14 项指标。能源保障指标包括能源进口依存度、战略燃料储备量/相应燃料消耗量比两项指标。

③环境领域

环境领域包括大气、水和土壤三个方面。大气方面包括单位人口或单位 GDP 的 CO_2 排放量、城市大气污染物浓度、能源系统的大气污染物排放量等三项指标。水方面包括能源系统的液态排污量一项指标。土壤方面包括固体废弃物产生速度/产出的能源单位、经适当处理的固体废弃物量/固体废弃物总量、固体放射性废弃物量/产出的能源单位、待处理的固体放射性废弃物量/固体放射性废弃物总量等四项指标。

第三章
各国能源安全战略与政策调整

一　美国：发布《国家能源政策法 2005》

美国目前是世界第一大能源消费国。2005 年，美国一次能源消费总量为 23.37 亿吨油当量，约占世界能源消费总量的 22%。能源消费构成大致为：石油 43%，天然气 24%，煤炭 23%，核能 8%，水能 2%。美国能源消费结构以油气为主，近年石油消费量已经超过 10 亿吨，约占世界石油消费总量的 25%。由于国内石油生产不能满足石油消费，石油年净进口量已达 6.5 亿吨，约占世界石油贸易总量的 27%，石油对外依存度（石油净进口量与石油消费量之比）为 65%，是世界第一大石油进口国。

据美国能源信息管理局（EIA）预测，美国今后能源消费总量将以年均 1.43%的速度增长，2025 年一次能源需求总量将达 31.1 亿吨油当量。假若石油消费量与之同步增长，2025 年石油需求量将达到 13.4 亿吨。但是，美国国内石油生产近几年呈现下降态势，原油年产量已由 2000 年前的 3.8 亿吨下降到近年的 3.5 亿～3.3 亿吨，年均下降率约为 2%。假若今后原油产量能维持在目前的水平，美国 2025 年石油生产与消费平衡差将超过10亿吨，石油对外依存度将高达75%以上。

为了应对国内石油需求与石油生产之间缺口的不断增长和国际油价的节节攀升，降低石油对外依存度，加强能源供应安全，美国布什政府于2005年8月8日发布了《美国能源政策法2005》(Energy Policy Act 2005)。这是美国能源领域立法的继续与发展，是政府对1992年首次以法律形式公布的《国家能源政策》(NEP)的适时调整，可称为美国的新能源法。其间，1998年和2001年发布的《国家能源政策》都是根据能源形势变化而公布的。美国历次发布的《国家能源政策》都是把能源供应安全作为重要的政策要素和战略内容，旨在通过开辟各种各样的能源供应渠道，提高美国的能源安全和经济竞争力，并改善环境保护。在美国看来，能源安全不仅是为了保障短期供应，更重要的是为了获得可靠、经济、清洁、高效的能源服务，促进经济社会可持续发展。

美国政府前期（2005年前）国家能源政策提出的保障能源供应安全的主要目标和任务：一是降低因石油供应中断对美国经济增长的冲击；二是确保能源供应系统的可靠性、灵活性以及快速反应能力。采取的战略和措施主要有：

尽快停止国内石油产量的下滑。通过研制先进的储油层成像技术、采油技术和环境技术，增加油藏量，提高采收率，降低环境达标成本，以维持和增加国内石油产量。

及时应对石油供应中断的威胁。加大“战略石油储备”设施的投资，与国际能源机构成员国合作，选择合适的地点，储存适量的石油，随时准备并能够可靠防止国际石油供应中断。即使发生石油供应中断，也能减轻其对经济的不利影响。

增加世界石油市场的石油来源。通过合作，开辟世界各地区更多的石油来源，加强美国能源安全和世界能源安全，减少由于某一地区削减石油供应对经济带来的不利影响。拟将拥有大量迄今尚未开发的石油和天然气储量的里海和中亚地区作为合作开发的重要地区。同时，拟合作开发多种运输途径，将该地区生产的石油运往世界市场。

提高能源供应的可靠性和灵活性。应用高新技术，提高发电、送电和配电的可靠性和灵活性。研究与开发低排放量石油加工技术，降低环境成本，提高国内石油加工、运输和储存的可靠性和灵活性。研究与开发先进的裂化模拟技术、复原处理技术和储放技术，提高天然气运输和储放的可靠性和灵活性。

美国2005年8月8日发布的《美国能源政策法2005》，除了继续采取措施确保石油供应安全外，明确提出了要主攻“开发多种能源”和“促进节约能源”的政策。具体内容有：

（1）支持开发多种能源，以多元化促进能源供应安全。强调要开发利用风能、太阳能、地热、海浪能、潮汐能、生物质能、水能等清洁、可再生能源，促进它们的规范化生产和消费。

（2）通过税收政策、各种标准促进节约能源。主要是依靠税收优惠、补贴等奖励手段来激励公众自愿使用节能产品，降低能耗，而不是以行政手段强迫公众进行节能。

（3）在罚则中规定详细的法律责任来保障法律的执行。充分明确能源部、环保局、农业部等与能源开发利用相关的部门的法律责任。

之后，美国总统布什在2007年1月发表的国情咨文中进一步提出，美国在未来10年内将通过开发替代能源和提高能源利用效率，压缩汽油消耗量20%；同时，要减少对进口石油的依赖，并大幅提高战略石油储备。

二 欧盟：出台共同能源政策

近些年，欧盟各国合计的一次能源年消费总量约为 22 亿～23亿吨标准煤（约为 15 亿～16 亿吨标准油），占世界总量的 15%左右，与中国一次能源消费总量接近。在能源消费总量构成中，石油比例超过 40%，天然气比例超过 20%。欧盟各国油气资源贫乏，人均石油可采储量和天然气可采储量均低于世界平均水平。欧盟所需能源的一半依靠进口，绝大多数国家的能源自给率在 30%～40%。

受国际原油价格的剧烈波动和油气市场争斗的影响，欧盟国家越来越深刻地认识到能源问题的重要性，纷纷调整和完善本国的能源开发和消费政策。如何确保成员国安全、稳定的能源供应，成为欧盟可持续发展和一体化建设进程的热门话题。在欧盟看来，当今世界国际政治、经济与能源联系日益密切，世界经济的较快增长加大了各国能源的需求，能源竞争和紧张将成为长期困扰国际局势的重要因素。成员国内部应很好地协调能源政策，完善能源机制，打破市场垄断，共同执行符合欧盟整体利益的中长期能源政策。

正是在这一背景下，欧盟委员会于 2006 年 3 月对外正式公布了《能源状况与政策建议绿皮书》。该绿皮书对欧洲能源投资需求迫切、进口依存度上升、资源分布集中、全球能源需求持续增长、油气价格攀升、气候变暖等方面进行了全面的分析，呼吁欧盟各国政府和国民对能源（特别是可再生能源和绿色能源）引起重视，共同快速行动，以实现可持续、有竞争力和供应安全的目标。该能源绿皮书正是欧盟各国希望制定和实施的共同能源政策，对能源发展明确了一系列完整、有效的法律、法规和产业政策。

可持续性，是欧盟共同能源政策主要目标之一。要求开发具有竞争力的可再生能源和其他低碳能源和载体，特别是替代运输燃料；同时应积极抑制各国能源需求，共同努力减轻环境污染，改善空气质量，防止气候变暖。

有竞争力，是其目标之二。要求能源开发和供应能使消费者和整个经济发展受益，激励生产清洁能源和提高能源效率的投资，并努力开拓世界前沿的能源开发和节能技术。

供应安全，是其目标之三。要求采取各种措施控制欧盟能源对外依存度，主要是：降低需求，增加本地资源特别是可再生资源利用，加强能源结构多元化及进口来源和运输路径多元化，提高应对突发事件的能力，确保居民和企业的能源供应安全。

为了保证能源政策目标的实现，欧盟委员会在该能源绿皮书中，以及之后陆续发布的欧盟“生物燃料战略”、“能源新战略”、“能源新政策”、“未来三年能源政策行动计划”（EPE）、“能源与运输战略”等文件中，推出了新能源政策的立法建议和具体战略目标。在进一步确定“到 2020 年将可再生的清洁能源在全部能耗中的比例提高到 20％”和“将二氧化碳等温室气体的排放在 1990 年水平上削减 20％”的战略目标的同时，提出了以下具体政策措施：

（1）建立欧盟统一的天然气和电力市场，促进整体经济效益的提高。一是建立统一的欧洲输电网络，包括统一的欧洲电网标准、调节机制和欧洲能源网络中心，并推动互相连接。

二是打破垄断，提高内部能源市场的开放程度，扩大燃气和电力市场对个人用户开放，使消费者有权选择自己的供应商，以利于投资和竞争。三是通过欧盟委员会、管理部门以及竞争机构之间的更好合作，提高竞争力。

（2）加强欧盟成员国之间的团结协作，保证内部能源市场供应安全。一是建立欧洲能源供应观察站，提高欧盟能源供应安全的透明度。二是增加输电系统运营商之间的协作，建立正式的欧洲输电系统运营商小组，提高电力运营网络的安全性。三是制定统一标准，提高基础设施的安全性。四是修订现行石油和天然气储备法规，提高能源储备的透明度。

（3）实施全方位国际能源战略，尽快落实共同开发的能源对外政策。一是通过对话加强与欧佩克、经合组织及大型跨国能源集团等的能源合作，特别是与俄罗斯建立伙伴关系及签署合作协定，以确保欧盟能源供给的稳定。二是强化对中亚、里海和黑海地区能源开发项目的评估、商业投资与技术合作，进一步使能源供给来源多样化。三是加强与其他能源消费大国之间的双边和多边对话，积极开展在能源供需平衡、价格稳定和新能源开发利用等领域的必要合作，以及签订提高能源效率的国际协议，降低欧盟石油进口依存度。

（4）提高能源效率，节能与环保并重，推动能源与环境的协调发展。一是要求各国明确节能的“责任目标”，根据各自的经济发展和能源政策特点，确定重点节能领域，迅速采取有效措施。例如，对居民家庭、公共场所、政府机构、旅游饭店及商业建筑、城市灯光景观和道路照明等电力消耗领域，鼓励其尽快更换节能灯和节能器材，提高建筑能效，加强交通节能，利用金融手段和机制，鼓励投资等。二是控制污染物排放与供给可再生能源的措施双管齐下，一方面要求欧盟环境保护部门负责减少30％的废气排放，另一方面要求主管工业生产部门在能源供给中增加20％的可再生能源生产量，从而缓解欧盟在环保和能源方面遇到的困扰。三是扩大对核能的开发利用，加大对提高安全性和减少核废料污染等技术研究的资金和人力投入。四是积极推进清洁能源和可再生能源的市场化进程。

（5）大力推动可再生能源和绿色能源的开发利用，实现可持续发展。一是制定能源技术战略计划，以欧洲技术平台为依托，对技术资源进行最佳配置，重视能源技术研发和展示，优选综合技术攻关，开拓风能、太阳能、地热、氢能、生物质能等可再生能源和绿色能源（新兴能源）技术市场。二是加大资金投入，用于支持和奖励企业和研究机构在新兴能源领域里的技术创新计划，促进新兴能源产业的发展。三是组织大型公司与研究机构合作，研究目标要更多地集中于促进经济增长和发挥市场潜力。四是采取更加积极的鼓励政策，扩大新兴能源的使用范围，使其由工业、农业向商业和民用领域普及，并逐渐进入民众的日常生活之中。五是把发展生物燃料，尤其是交通运输的生物燃料，作为解决地区能源和环境问题的重大战略，对乙醇、乙醚和生物柴油的总量限制作出重新评估；加强林产品在生物原料中的地位，并且把造纸、动植物副产品和生活垃圾等有机废物也纳入生物原料的范围；采取一系列支持政策，引入资金补助，鼓励技术研发，确保原料供应，降低生产成本，扩大生物燃料的生产和供应。

此外，在欧盟出台共同能源政策的同时，各成员国如德国、法国、英国、丹麦、西班牙等国家，也都根据各自的特点，制定和实施相关的能源战略和政策措施。

三　日本：发布《新国家能源战略》

日本目前是世界第三大能源消费国。2005年，日本一次能源消费总量为5.25亿吨油当量，约占世界能源消费总量的5%。能源消费构成大致为：石油49%，天然气14%，煤炭21%，核能12%，水能4%。在日本能源消费总量构成中，石油比例接近50%，近年石油消费量达2.6亿吨，约占世界石油消费总量的6%～7%。日本能源资源匮乏，国内不生产石油，煤炭产量很少，所耗油品全部靠从产油国进口，是世界第二大石油进口国。如果不计算核能，日本能源自给率仅4%左右。

从保障能源安全出发，日本早在20世纪70年代世界两次石油危机之后就将确保石油的稳定、高效供应作为能源政策的重要内容，采取了石油储备、自主开发、同产油国合作等措施，建立和完善能够应急非常时期的石油供应体系。与此同时，为降低石油对外依存度，实施了能源多样化和节约能源战略，大力发展核电、风电、太阳能、地热、垃圾发电和燃料电池等新能源和可再生能源，积极鼓励企业开发和使用节能新技术和新产品，节能降耗，提高效率。主要是通过大力构筑能源供应保障法律体系，保障能源安全。先后制定和实施了《石油储备法》、《天然气储备法》、《石油公团法》、《原子能基本法》、《石油及可燃性天然气资源开发法》、《节约能源法》和《促进新能源利用的特别措施法》等。正是采取了上述政策和措施，日本石油对外依存度已由20世纪70年代的90%以上降到了近几年的50%以下。

近些年来，尽管日本核能和可再生能源发展迅速，但是能源总自给率也只有16%，石油消费量居高不下。为应对国际石油供应紧张、资源争斗激烈和油价一路高涨的局面，日本政府于2006年5月底正式发布了作为中长期能源政策指导纲领的《新国家能源战略》。该战略报告的主要内容包括：一是进一步开拓原油渠道，通过增加政府资金投入，扩大海外油田等资源的开采权，使日本企业自主开发原油的比重从现在15%增加到2030年的40%。二是进一步减少石油进口，通过扩大使用植物酒精燃料等措施，使日本石油对外依存度从目前的约50%下降到2030年的40%以下。三是继续巩固核能地位，通过尽快实现快中子增殖堆的实用化，使核电的比例提高到30%～40%以上。四是加快推进各项节能措施，进一步调整家电、汽车等产品的耗能标准，推动日本企业新一轮节能工艺技术的开发和推广应用，使2030年能源效率比目前提高30%。

为实现2030年能源发展战略目标，日本《新国家能源战略》具体提出了要实施八大战略及相关配套政策。这八大能源战略是：

（1）节能先进基准计划——优选节能技术领先基准，加大政策支持力度，建立鼓励技术创新的社会体制，明显提高能源利用效率。

（2）未来运输用能开发计划——减少汽车燃油消耗，促进生物燃料、天然气液化合成油等新型燃料应用，推动燃料电池汽车的开发和普及，降低运输用石油的对外依存度。

（3）新能源创新计划——提出新能源产业自主发展的支持政策，开发以新一代蓄电池为重点的能源技术，形成未来能源（科技产业）园区；要使太阳能发电成本与火力发电成本相当；

要有效发展生物质能发电等区域自产自销性能源，提高区域能源自给率。

（4）核能立国计划——以确保安全为前提，继续推进供应稳定、基本不产生温室气体的核电建设。

（5）能源资源综合确保战略——利用政府援助贷款，促进投资交流和人员交往，全面强化与有关资源国关系；整合政府资源，支持承担资源开发任务的核心企业，提高石油自主开发比重。

（6）亚洲能源环境合作战略——以中国和印度为重点，以节能环保为主要领域，并在煤炭有效利用及安全生产、新能源及核电等方面，积极开展与亚洲各国的能源环境合作，促进共同发展。

（7）强化国家能源应急战略——以成品油储备为重点，完善现有以石油为中心的能源储备制度，研究建立天然气应急储备机制，完善能源应急对策。

（8）引导未来能源技术战略——研究并提出未来能源技术具体战略纲要，明确政府投入方向，引导民间资源积极参与，在全社会的共同努力下，使日本未来能源技术处于领先地位。

四　印度：制定和实施新能源政策

印度一次能源消费总量近年超过6亿吨标准煤（约4亿吨标准油），已成为世界能源消费大国之一，约占世界总量的4%。能源消费构成大致为：石油32%，天然气8%，煤炭54%，核能1%，水能5%。印度与中国一样，是能源消费结构以煤为主的国家，同时石油消费量增长较快。印度近年石油消费量已达12000万～13000万吨，但国内石油产量很少，石油对外依存度已达85％～90％，并有进一步增高的趋势。

印度经济的奋起赶超，离不开大量能源特别是石油消费。据专家预测，如果继续维持目前的经济发展速度，到2020年印度能源消耗要比现在增加1倍。为了确保稳定和可持续发展，印度政府制定和实施了适应经济增长的能源新战略和新政策，积极采取措施，开展能源外交，拓展进口渠道，加快海外能源开发和采购步伐，以确保能源安全。

印度制定和实施新能源政策的目标：

（1）确保国内外能源供应的长期稳定，适应经济腾飞的需要。

（2）在整个南亚地区逐步建立广泛的能源网，以确保这些国家之间的电力、石油和天然气能相互输送。

（3）通过鼓励印度石油公司扩大购买外国油田股份，确保以合理和稳定的价格从海外长期获得安全的能源供应，不轻易受国际油价波动的影响。

（4）通过利用太阳能、水电、核能和其他类型的能源，保障在2030年前实现能源独立。

新能源政策强调，为实现能源独立，印度将依靠国际合作，保障完全的核安全，以能源安全促进能源独立。

为落实新能源政策，在印度原子能部组织专家制定的《长期核能发展计划》中，核能被认为是印度长期能源安全最有效的方式，并提出了分三步走的发展步骤：第一步是使用以铀作燃料的加压重水堆；第二步是使用快中子增殖堆；第三步是使用以钍为主要燃料的反应堆。印度将积极开发利用本国丰富的钍资源，真正实现能源独立。

五　俄罗斯：推出新世纪国家能源战略

俄罗斯是世界能源生产大国，煤炭、石油、天然气等化石能源资源均比较丰富。俄罗斯至 2005 年底的石油剩余可采储量为 744 亿桶（按 7.5 桶为 1 吨计，约 99 亿吨），占世界石油剩余可采总储量的 6%，石油储量仅次于中东各国（合计 7427 亿桶，约 990 亿吨，占世界总量的 62%）。俄罗斯 2005 年石油生产量约为 4.62 亿吨，占世界石油生产总量的 12%（中东各国合计为 12.2 亿吨，占世界总量的 31%）。当年俄罗斯本国石油消费量 1.33 亿吨，石油生产量大于石油消费量，约有 3.30 亿吨石油可供出口，石油向外输出度（石油净出口量与石油生产量之比）超过 70%，出口量约占世界石油贸易量的 14%。同样，俄罗斯也是世界天然气资源生产量和出口量较多的国家和地区之一。俄罗斯近年天然气开采量已达 6380 亿立方米，占世界总量的 22%，天然气向外输出度在 32%以上，出口量约占世界天然气贸易量的 23%。

俄罗斯拥有丰富的能源储量和实力强大的燃料动力综合体——能源产业，这是俄罗斯经济发展的基础，也是其推行内外政策的手段。俄罗斯目前已经成为世界第二大石油和天然气供应区域，其油气以至整个能源生产的稳定和持续发展，对各能源进口国以至世界能源供应安全有着重要的影响。因此，世界能源安全问题不仅仅是能源消费国和进口国，而且是像俄罗斯那样的能源生产国和出口国的重要课题。为了确保经济增长和能源安全，俄罗斯非常重视对其能源政策的调整，并推出了新世纪能源战略。能源战略的目标是最大限度地有效利用能源资源和生产潜力，推动国家经济发展，提高人民群众的生活质量。能源战略的基本点如下：

（1）加强产业控制，能源开采和出口保持高水平，以获取资金和增加国家预算收入，推动本国经济发展。

俄罗斯国家能源战略确定的能源产量和出口目标是：到2020年，石油产量增加到5.9亿吨，其中出口量为30000万吨，石油对外输出度为51%；天然气产量从2005年的6000亿立方米提高到9000亿立方米，其中出口量3000亿立方米，维持能源在国民经济中支柱产业的地位。

为了实现上述目标，俄罗斯将强化国家对能源产业，特别是油气资产的控制。一是严格控制许可证的发放。对申请石油勘查、开采和生产许可证的石油公司提出各种指标要求，如钻井数目、商业生产开始时间、产量等，有权吊销达不到指标要求的企业的许可证。二是加强税收管理。矿产资源税是固定的，与石油生产难度无关。石油进口税是变化的，与石油成本相关，随成本升高而税负增加，从而限制企业进口国际高价石油。同时严格监督石油公司的出口，确保税款征收。三是控制原油管线。强化甚至不惜一切代价保持国家对国内石油输送干线和出口输油管线的严格控制，不允许私营企业拥有和经营输油管线。

（2）开展能源外交，通过国际合作和多样化政策，增强俄罗斯对国际社会的影响，获取最大的国家利益。

俄罗斯开展能源外交，加强能源合作，同样是为国家经济利益服务的，是经济快速发展的重要支撑。在世界能源供需日趋紧张的大背景下，作为能源出口大国的俄罗斯正在成为世界特别是欧亚地区各能源消费大国进口能源的重要选择目标之一。这对俄罗斯来说是一个很好的机遇，可以通过外交手段选择最佳合作伙伴和合作方式，以谋求最大经济利益，巩固和提升在国际舞台上的地位。

在这方面，俄罗斯正在采取“多样化”的政策措施，发展同各国的合作伙伴关系。一方面，继续保持与欧盟的能源贸易，巩固欧洲石油和天然气市场；另一方面，拟把市场发展的重点转移到亚洲，特别是中国、印度和日本，通过建设输油、输气管道等的对话谈判和签订协议，拓展与亚洲国家的关系，扩大油气出口规模。与此同时，正在采取措施调整与 OPEC 产油国家的关系，建立相互协调机制，并积极参与中亚地区事务，以保障俄罗斯的国家利益。

(3) 吸引外资用于提高能源效率，利用高新技术发展绿色能源，节能降耗，保护环境，强化能源优势。

俄罗斯不仅是能源生产大国，也是能源消费大国。从中长期发展来看，俄罗斯必须妥善处理能源“对外出口”与“国内需求”之间的矛盾，必须在“能源出口推动经济快速发展”与“国内能源需求保持经济可持续发展”之间，以及经济发展、能源需求与生态环境之间寻找合理的平衡点和采取有效的政策措施。为了确保能源大国的地位，俄罗斯国家能源战略在提出要最大限度地有效利用能源资源和生产潜力及其政策措施的同时，提出了要积极吸引外资提高国内能源效率及其政策措施。

提高能源效率，一方面是提高能源开发效率，要增加能源企业改革的透明度，强化工作效率，降低生产成本，改善投资效益，建设强大的俄罗斯燃料动力综合体，保障能源供应安全；另一方面是提高能源利用效率，要在工业、交通运输、住宅公用设施和农业领域充分挖掘能源节约的潜力。除了注意经济结构调整和价格机制运用外，还要采取有效的节能技术措施，提高能源设施（如供暖装置、照明设备、空调系统、交通运输工具等）的质量和效率，降低能源消耗，减少环境污染，促进经济协调和高速增长。除了经济技术措施外，还要采取行政措施，包括更新理念、制定标准、强化管理、监督检查、合理预算等。

发展绿色能源，一方面是扩大能源供应领域和保障能源安全的需要，另一方面是生态环境保护的需要。俄罗斯已将发展核能和可再生能源等新型能源列为国家能源战略的重要组成部分。为保持其核能利用在世界上的领先地位，俄罗斯已规划在今后 10 年投资数百亿美元新建 10 个核反应堆以增加核能产量。为应对国内铀矿相对匮乏的制约，俄罗斯一直尝试购买和垄断中亚国家的铀矿开采权，特别关注与储量居世界第三的哈萨克斯坦的合作，并联手进行铀矿的开采和加工。在可再生能源利用方面，俄罗斯积极致力于建设可再生能源发电设施，包括风力发电站、太阳能发电站、地热发电站、小水电站和利用生物能源发电的设施等。俄罗斯工业与能源部预测，到 2010 年可再生能源发电量将比目前增加 2 倍。

生态环境保护，不仅是直接关系俄罗斯人民生活质量的问题，而且已成为增强国家竞争力的一个关键性因素。为建立起有效的国家生态安全机制，必须采取的政策措施：一是尽快修改环境保护和能源资源利用的有关法律；二是在住宅建设、能源、建筑和交通等重点领域采取新的环保措施；三是大力发展有利于生态安全的新技术、新工艺和新兴产业；四是建立完整的废物处理和废品加工工业体系；五是提高人们增强生态安全的紧迫感；六是完善政府部门职能和加强生态安全管理工作。

六　欧佩克：通过《长期能源战略》

欧佩克（OPEC，石油输出国组织）国家拥有世界 3/4 的已探明石油储量，目前世界 40% 的石油产量和出口量来自 OPEC。近年来，由于石油需求增长、产能趋紧、市场投机、地缘政治、灾难气候等多种因素作用，国际油价节节攀升。尽管 OPEC 产油国在高油价中增加了石油收入，但因各方采取了“增产抑价”的措施，使 OPEC 国家遇到了两难的压力：一是各方的增产使 OPEC 的剩余产能显得不足，难以大幅度增加产量；二是油价上涨与否并非增产因素单一所致，OPEC 已难以控制市场走势。OPEC 国家必须面对现实，适时调整自身的战略和措施。

在这种形势下，OPEC 在 2005 年 9 月成员国部长会议上通过的《长期能源战略》中提出，为保障 OPEC 长期能源利益和国际石油市场稳定，要把建立与主要石油消费国和非 OPEC 产油国之间的战略合作对话机制作为重要措施之一。在实际行动上，首先是与欧盟建立能源对话机制，然后又选择中国和俄罗斯。这标志着 OPEC 在战略合作上的两个方向——主要石油消费国和主要非 OPEC 产油国，从而推动 OPEC 走上国际能源合作的新路。

OPEC 与欧盟的能源合作，注重于信息和技术的交流合作。欧盟作为主要的能源消费地区，具有较成熟的能源供给和储备机制，市场需求比较稳定。同时欧盟又拥有较丰富的能源开采经验和技术研发优势，擅长于对石油市场交易运作的监控和分析。因此，通过双方能源信息和数据的交流，以及对国际石油市场重大问题及突发事件的沟通，可以提高 OPEC 对石油市场的监控能力，减少投机因素。

OPEC 与中国的能源合作，注重于保障长期供应和投资合作。近年来，随着中国与俄罗斯、中亚和非洲等非 OPEC 产油国能源合作步伐的加快，OPEC 开始担忧这会减少中国对 OPEC 石油的依赖。因此，加强与中国在能源开发和贸易领域的合作已成为 OPEC 成员国内部的共识。同时，在投资合作上，OPEC 成员国手中握有巨额石油收益，在相关政策鼓励下，期望进入拥有市场吸引力的中国石油下游产业。

OPEC 与俄罗斯的能源合作，注重于石油市场和收益的稳定。俄罗斯石油产量的增长影响了 OPEC 的石油市场份额和对市场的控制能力。近年来，国际油价居高不下，俄罗斯石油产能提高有限，OPEC 石油增产遇到难处，两者之间的竞争关系相对缓和。而石油市场的稳定，石油价格的涨落，石油产量和出口量的增减，提高石油市场透明度，以及正在行动的能源生产国与消费国之间的对话，都直接关系到双方的利益，使 OPEC 与俄罗斯的关系进一步拉近，建立能源合作对话机制是必然的选择。

在建立能源合作对话机制，以及通过多种途径扩大其对石油市场影响力的同时，OPEC《长期能源战略》还提出，要增加对新油田的勘探和开发投资，扩大石油产量，向国际市场供应更多的原油；要开展对可再生能源及其技术的研究、开发和推广利用，以顺应世界新兴能源产业发展。在实际行动上，阿联酋已经出台了名为“源泉行动计划”的可再生能源发展规划，将与世界各大石油公司、高科技公司和知名科研机构、高等学府进行合作，投资数十亿美元开发可再生能源技术，其中至少有 2.5 亿美元用于太阳能的开发，拟把阿联酋建设成一个太阳能技术输出国。同时，在首都阿布扎比专门划定一块面积为 6 平方公里的土地，用作可再生能源开发研究和推广使用基地，建设项目管理、研究、教学、培训、办公用建筑与附属设施，以及科技博物馆。此外，还计划设立清洁技术基金，成立发展清洁能源的专业公司和可再生能源孵化园。

OPEC 特别是其中的海湾国家（如沙特和阿联酋）致力于发展可再生能源的主要原因是，随着经济的不断发展，这些国家对能源的需求也在快速增长。投入巨资开发利用新能源和替代能源，是为了摆脱对石油的过度依赖，减少温室气体的排放，抢占国际新能源技术的制高点，保障能源安全。

七　各国能源战略和政策调整的启示

各国能源战略和政策的及时调整和实施，对国际石油市场的稳定和能源安全起到了积极的作用，对我国能源法规和政策的修订和完善有着重要的启示和借鉴意义：

（1）为确保能源安全和供应稳定，必须构建多元化的能源供应体系，包括发展核电，开发利用风能、太阳能、生物质能等可再生能源，建立石油储备等。

（2）为解决能源资源和供应紧缺，必须采取多途径提高能源利用效率的政策措施，包括开拓煤炭清洁利用新途径、石油节约和替代新途径、能源资源综合利用新途径等。

（3）为促进能源与环境和经济社会协调发展，必须研究开发清洁能源利用新技术，包括煤炭洗选和加工新技术、煤炭燃烧新技术、煤炭液化和气化新技术等。

（4）要依靠科技进步和创新，实现能源安全、稳定和清洁、经济的供应，促进能源与环境和社会经济的全面协调和可持续发展。

第四章

我国新能源安全观与能源外交

近些年，我国能源总自给率大致在93%左右。为了保障能源供应安全，我国采取了一系列政策措施，从能源利用和能源开发两条途径，从政府宏观调控和市场稳定安全两个方面，从国内和国外两个市场和两种资源，增加能源生产供应，提高能源利用效率，调整经济结构，发展循环经济，开发清洁能源，促进安全生产，保护生态环境，推进能源体制改革，扩大国际能源合作。与此同时，为保障全球能源安全，我国提出了国际社会应该树立和落实“互利合作、多元发展、协调保障”的新能源安全观。

一　我国新能源安全观的提出

1. 我国面临复杂的能源安全形势

进入21世纪以来，我国能源需求的持续增长对能源供给形成了很大压力，构筑稳定、经济、清洁的能源体系面临着重大挑战，能源安全形势严峻。由于能源资源的相对短缺，我国能源供求矛盾将长期存在，石油天然气对外依存度将进一步提高。我国以煤为主的能源结构，决定其消费数量将持续增加，燃煤引起的能源环境问题将十分严重。由于能源技术的相对落后，我国可再生能源、清洁能源的开发和能源效率的提高将是长期的任务。由于国际市场的波动频繁，我国对外能源合作将不断面临新挑战，能源安全必须处理好各种矛盾。

近几年，全球能源供需平衡关系脆弱，石油价格高位震荡，各种经济的和非经济的因素影响着国际能源合作的顺利进行；我国国内能源供应能力的提高受到资源、技术和资金等条件制约，节能降耗效果的取得受到经济发展方式粗放、消费结构调整滞后、能源管理水平低下等因素的影响，我国能源安全供应形势面临前所未有的复杂局面。

2. 维护和保障能源安全迫在眉睫

针对面临的能源发展和能源安全形势，我国政府一方面组建了国家能源领导小组及其办公室，加强能源规划和能源政策的研究和制定；另一方面，研究并提出了一系列的应对措施，以统筹国内开发和对外合作，提高能源安全的保障程度。

2005 年 12 月 27 日，时任国务院副总理曾培炎在第十届全国人大常委会第十九次会议上提出，中国将以努力增加国内能源供应作为保障能源安全的基础，把优化能源结构作为保障能源供应的中心环节。具体措施有：一是高效清洁开发利用煤炭——加快建设神东、陕北等 13 个大型煤炭基地，培育和发展神华、中煤、大同等产量亿吨级的大型煤炭企业集团。推进煤炭的清洁利用，搞好煤炭液化、气化等试点示范工程建设，鼓励开发煤层气。二是调整和优化电力结构——鼓励煤电联营，重点建设一批大型坑口电站，着力发展一批大容量高效机组，鼓励煤矸石发电。加强水电基地的连续滚动开发，重点抓好江河流域一批水电站的建设。加快“西电东送”南、中、北三大通道的输电线路建设，积极推进大区电网互联。三是努力增加石油天然气供给能力——搞好老区挖潜，加强新区开发，保证原油产量持续稳定增加。加强天然气田开发，完善“西气东输”管网，促进天然气产量快速增加。四是加快发展新能源和可再生能源——建设一批百万千瓦级核电站，提高自主设计和制造水平。因地制宜开发小水电。促进风电规模化发展。积极开发利用太阳能。建立生物质能示范区，加强农村户用沼气建设。五是加快石油储备建设进度——建立政府储备与企业储备相结合的石油储备体系，健全石油储备资金保障制度，逐步扩大储备能力。六是加大能源资源勘探力度——建立资源勘探开发和资金投入的良性循环机制，加强地质勘探，实现能源找矿的新突破。

2006年4月20日，国务院总理、国家能源领导小组组长温家宝在其主持召开的能源工作会议上强调指出，能源问题关系经济发展、社会稳定和国家安全，必须坚持开发与节约并重、把节约放在首位的方针，采取更加有力的措施全面推动能源节约，大力发展可再生能源，增加能源供给，调节能源需求，调整能源结构，努力开创能源工作新局面。会议提出了当前要做好的工作：大力抓好能源节约——要切实把节约能源放在更加突出的位置。关键是要加快推进经济结构调整和经济发展方式转变，突出抓好重点耗能行业和企业的节能工作。深化能源体制改革，抓紧制定和完善鼓励节能的财税、信贷、技术、价格等政策。着力提高能源产业技术水平——要推进能源科技进步，切实增强能源创新能力建设。积极推广先进适用能源技术，加快热电联产、煤炭先进开采、能源综合利用等技术的开发应用。加强能源立法和规划工作——要进一步完善能源法律法规体系。抓紧制定能源总体规划，修订完善有关专项规划和专题规划，发挥规划对能源节约和发展的引导作用。

3. 提出保障全球能源安全新观点

我国能源发展坚持“立足国内”和“对外开放”，强调以国内能源的稳定增长，保证能源的安全供应，同时要加强国际能源合作，维护世界能源安全和共同发展。随着经济全球化的深入发展，我国在能源发展方面与世界的联系日益紧密。我国能源发展不仅满足国内经济社会发展的需求，也给世界各国带来了发展机遇和广阔空间。我国能源安全已经融入了全球能源安全体系，中国能源安全战略和政策必须从全球能源安全的高度予以重视。

2006 年 7 月 17 日，国家主席胡锦涛出席了在俄罗斯圣彼得堡举行的八国集团（美国、英国、法国、德国、日本、意大利、加拿大和俄罗斯）同中国、印度、巴西、南非、墨西哥、刚果（布）等六个发展中国家领导人的对话会议，并就会议的重要主题——全球能源安全阐述了中国的立场和观点。胡锦涛强调指出，能源安全关系各国的经济命脉和民生大计，对维护世界和平稳定、促进各国共同发展至关重要。在经济全球化深入发展的今天，各国各地区的互联互动日益加深。每个国家都有充分利用能源资源促进自身发展的权利，绝大多数国家都不可能离开国际合作而获得能源安全保障。国际能源市场价格居高不下，冲击了全球经济发展，对产油国和消费国都没有好处。油价居高不下的原因是复杂的，需要国际社会加强对话和合作，从多方面加以解决。这符合各方的共同利益。为此，胡锦涛明确提出，为保障全球能源安全，世界各国应该树立和落实互利合作、多元发展、协同保障的新能源安全观；世界各国应该着重在三方面进行努力，一是加强能源开发利用的互利合作，二是形成先进能源技术的研发推广体系，三是维护能源安全稳定的良好政治环境。这一新能源安全观成了这次对话会议的一个亮点，很快得到了俄罗斯、法国和其他欧盟国家、印度及美国的积极回应。同年 8 月 4 日，美国能源部助理部长帮办弗雷德里克森在参议院表示，美国和中国面临同样的能源挑战，双方加强在能源领域的合作，符合彼此利益，也有利于世界的能源稳定。

2007 年 1 月 15 日，国务院总理温家宝出席了在菲律宾宿务举行的有东盟十国、中国、澳大利亚、新西兰、日本、韩国和印度等国的国家元首（或政府首脑）参加的第二届东亚峰会，作了题为《合作共赢 携手并进》的讲话，进一步阐述了中国主张的新能源安全观。温家宝说，在经济全球化深入发展的今天，要解决好日益突出的能源问题，需要国际社会的共同努力，需要树立和落实互利合作、多元发展、协同保障的新能源安全观。为此，温家宝提出要重点做好三方面的工作：一是在能源安全领域，加强能源消费国之间以及消费国与生产国之间的对话和政策协调，共同维护本地区能源市场的稳定；二是提高能效和节约能源，加强对清洁能源、替代能源和新能源技术的研发和推广，构建清洁、安全、经济、可靠的地区未来能源供应体系；三是通过双边和多边国际合作，共同维护能源运输安全。

二　新能源安全观的基本要点

我国主张的新能源安全观的基本要点是：互利合作，多元发展，协同保障。

1. 互利合作

实现全球能源安全，各国必须加强能源开发利用的互利合作，特别是要加强能源出口国与消费国之间、能源消费大国之间的对话和合作。国际社会应该加强政策协调，完善国际能源市场监测和应急机制，促进油气资源开发以增加供给，实现能源供应全球化和多元化，在能源需求和供给基本均衡的基础上确保稳定的可持续的国际能源供应及合理的国际能源价格，确保各国能源需求得到满足。

加强国际互利合作是我国能源政策的基本点之一。我国适度利用国外能源资源和国际能源市场，将其作为国内能源供应的必要补充。特别是石油资源，国内油气资源短缺，需要大量进口原油已成定局。我国进口原油，将以经济效益和双方互利合作为前提，多方位地充分利用国际资源和市场，或从国际市场上购买石油，或到产油国投资采油，协调保障国内能源和经济发展需要。我国将坚持多元化的方针，实现资源供应地区、合作方式以及能源资源品种的多元化。中国将坚持在平等互惠、互利双赢的原则下加强同各能源生产国和消费国的合作，共同维护全球能源安全。

2. 多元发展

能源多元发展，能源节约，是实现全球能源安全的长远大计。国际社会应该积极探索建立清洁、安全、经济、可靠的世界未来能源供应体系，加强先进能源开发技术和能源节约技术的研发和推广，支持和促进提高能效，节约能源，减少单位国内生产总值的能耗。应该倡导在清洁煤技术等高效利用化石燃料方面开展合作，推动国际社会加强可再生能源和氢能、核能等重大能源技术研发等方面的合作。要从人类社会持续发展的高度看待这些领域的合作，处理好资金投入、知识产权保护、技术推广等问题，使所有国家都从中受益。

多元发展也是我国能源政策的基本点之一。我国煤炭资源丰富，2/3的水能资源尚未开发，核能、风能、生物质能的开发利用刚刚起步，国内能源供应有巨大潜力。既积极做好开源工作，又优先做好节约工作，是解决我国能源资源问题的基本思路。继续坚持立足国内的基本方针，加大国内资源勘探力度，加强煤炭、石油、天然气的开发利用，积极开发水能资源，加快发展核电，鼓励发展新能源和可再生能源，优化能源结构。努力构筑稳定、经济、清洁、安全的能源供应体系，增加国内能源生产，并将其作为保障能源安全的基础。同时，积极开展国际能源资源合作，充分利用国际国内两个市场和两种资源。国家将加快建立能源资源技术支持体系，加大国家对能源资源技术开发资金的投入，加紧研究开发影响未来能源资源发展方向的重大技术，集中力量研究开发提高能源资源利用效率的技术，依靠科技进步增强节约能力。

3. 协同保障

维护世界和平和地区稳定，维护能源安全稳定的良好政治环境，是实现全球能源安全的前提条件。国际社会应该携手努力，共同维护能源生产国和输送国，特别是中东等产油地区的局势稳定，确保国际能源通道安全和畅通，避免地缘政治纷争干扰全球能源供应。各国应该通过对话和协商解决分歧和矛盾，而不应该把能源问题政治化，更不应该动辄诉诸武力，甚至引发对抗。

对内坚持科学发展，对外坚持和平发展，是我国的长期战略选择。我国走和平发展道路，实施互利共赢的开放战略，将在包括能源领域在内的各个领域通过自身发展和市场开放，为建设一个持久和平、共同繁荣的和谐世界作出应有的贡献。中国的发展离不开世界，同样，世界的繁荣需要中国。中国的发展和世界的繁荣，需要和平，需要朋友，更需要合作。为提高经济发展和能源供应的安全保障程度，中国必须充分利用本国的市场优势和经济优势，积极参与世界石油、天然气、煤炭等资源的开发与合作，积极参与国际能源双边及多边合作，加强与国际组织和跨国公司的对话与合作。只有加强国际合作，才能协同保障全球能源安全。

三　推动全球性能源安全与合作

我国树立和落实互利合作、多元发展、协同保障的新能源安全观，一方面，高度重视并加强同世界各国的对话，并建立对话机制；另一方面，高度重视并加强同世界各国的互利合作，推动全球能源安全。

1. 建立同世界各国的对话机制

求和平、谋合作、促发展是世界各国的共同目标，中国加强同世界各国的能源互利合作，符合人类社会发展的规律和潮流。实现人类的共同目标，需要通过平等对话来弥合分歧，通过友好协商来化解争端，营造一个相互信任、持久稳定的全球安全环境。在能源领域，为了避免发生冲突，供需双方建立对话机制是克服障碍的有效方法。近年来，中国与美国、日本、印度、欧盟等石油进口国，以及与OPEC、俄罗斯等石油出口国之间政府首脑和官员的多次互访和对话，已令世界瞩目，并产生了各方能源合作的积极效果。

(1) 积极参加八国集团对话会议

八国集团包括美国、英国、法国、德国、意大利、加拿大、日本和俄罗斯，既有能源消费国，也有能源生产国。1975年，为了应对当时世界发生的石油危机，时任法国总统德斯坦邀请德国、美国、日本、英国和意大利等国的领导人到巴黎郊区的朗布依埃城堡开会，目的是讨论石油危机对世界经济的影响。按照法国总统的设想，这是一次小型委员会的非正式会晤，但参加会议的领导人一致决定这样的会议将每年举行，并邀请加拿大与会。1976年便形成了七国集团，以后每年召开一次峰会，并发表相关的联合声明。1998年的伯明翰峰会上，俄罗斯正式加入，从而形成了八国集团。随着经济全球化的新挑战和日趋突出的能源安全问题，八国集团的成员越来越意识到加强与其他国家尤其是南方国家、国家集团或机构进行对话的必要性，确定将邀请这些国家的代表参加八国集团每年举行的峰会，商讨各国共同关心的议题。

我国一贯奉行独立自主的和平外交政策，倡导各国之间的对话沟通和互利合作，因而以积极的态度应邀参加八国集团召开的对话会议（峰会）。早在 2003 年 6 月，国家主席胡锦涛就应法国总统希拉克的邀请出席了八国集团首脑会议正式举行前的南北领导人非正式对话会议，参加者还有其他 11 个重要发展中国家（巴西、墨西哥、沙特阿拉伯、印度、摩洛哥、马来西亚、埃及、塞内加尔、尼日利亚、阿尔及利亚、南非），以及联合国、世界银行、国际货币基金组织等国际机构的领导人，各方围绕新的国际安全形势、振兴全球经济和增进南北合作等议题进行了广泛讨论。中国领导人首次参加八国集团峰会，开始了中国与八国集团的近距离接触，旨在促进发达国家与发展中国家的携手合作。胡锦涛在对话会议上发表讲话，就加强国际合作和促进共同发展提出了四点建议：一是采取有力措施，促进全球经济增长；二是倡导和睦相处，维护世界多样性；三是加强多边合作，推动建立国际经济新秩序；四是加大支持力度，充实南北合作的实际内容。中国的立场得到了广泛赞同。

2004 年 6 月，八国集团首脑会议在美国佐治亚州举行，中国及其他发展中国家没有接到参会的邀请。我国外交部发言人在举行的例行记者会上表示，中方重视同八国集团的磋商、对话和交流。在全球化时代，解决重大国际问题需要各方加强合作。八国集团在国际事务中具有重要影响，在其进行政策协调时，应充分考虑各方的关系和利益，采取具体行动，帮助发展中国家解决实际困难，推动各国共同发展。中国希望八国集团峰会在这方面能够有所作为。在这之后，我国领导人几乎每年都应邀参加八国集团同发展中国家的对话会议，发表讲话，阐述中国的立场和主张，以推进国际合作和协同发展。

2005 年 7 月，国家主席胡锦涛应英国首相布莱尔的邀请出席了八国集团同中国、印度、巴西、南非、墨西哥等五个发展中大国领导人举行的南北领导人对话会议。发表题为《携手开创未来 推动合作共赢》的讲话。胡锦涛指出，在这机遇和挑战并存的历史时刻，携手开创未来，推动合作共赢，是世界各国人民的共同心愿和国际社会的广泛共识。我们应该抓住机遇，在以下几个方面向国际社会表明我们的坚定决心：一是共同进行努力，保持世界经济稳定增长；二是加强政策磋商，推动解决影响世界经济发展的深层次问题；三是开展务实合作，落实千年发展目标；四是深化南北对话，建立新型合作伙伴关系。在讲话中，胡锦涛还就加强在气候变化上的国际合作议题提出三项具体建议：一是探讨建立有效的技术推广机制。这种机制既要符合市场规律，又要从气候变化、实现全球可持续发展的大局出发，切实降低技术转让成本。二是开展互利技术合作。中国愿同各国加强相关合作，以在中国搞示范项目和建立联合技术研发中心等多种方式，共同开发清洁能源，提高能效等方面的先进技术。三是保障资金来源。可以建立一个资金问题专家小组，研究如何扩大多边、双边和私营部门的融资规模，简化资金审批和使用手续，为广大发展中国家开展应对气候变化的合作提供资金支持。

2006 年 7 月，国家主席胡锦涛应俄罗斯总统普京的邀请出席八国集团同六个发展中国家领导人的对话会议。胡锦涛在会上着重就全球能源安全问题作了阐述，提出了影响深远的

“世界各国应该树立和落实互利合作、多元发展、协同保障的新能源安全观”。同时，还阐述了中国对当前国际形势的基本看法，介绍了中国对能源安全等问题的立场和主张。会议期间，胡锦涛还参加了中国、俄罗斯、印度三国领导人会晤，会见了有关国家领导人，就双边关系及共同关心的国际问题交换了意见。

2007 年 6 月，国家主席胡锦涛应德国总理默克尔的邀请出席八国集团同中国、印度、巴西、南非和墨西哥等五个发展中国家领导人的对话会议，就会议讨论的世界经济和气候变化等议题阐述了中国的观点。在谈到加强国际发展领域合作问题时，胡锦涛指出，世界经济失衡加剧，能源资源压力增大，生态环境问题突出，贸易保护主义趋势上升，给各国制定国内政策、开展国际合作提出了新课题新挑战。应该坚持互利合作，加强协调配合，引导经济全球化健康发展，使世界经济增长惠及各国人民。为此，胡锦涛提出四点建议：一是共同努力，促进世界经济均衡稳定发展；二是加强合作，实现互利共赢；三是统筹兼顾，推动可持续发展；四是民主协商，妥善解决分歧和矛盾。在谈到全球气候变化问题时，胡锦涛表示，中国政府高度重视气候变化，采取了一系列减缓温室气体排放的政策措施，包括推进技术进步，提高能源利用效率；发展低碳能源和可再生能源，改善能源结构；开展植树造林，加强生态保护；实行计划生育，减缓人口增长；加强法制建设，开展全民教育等。胡锦涛强调，中国走可持续发展道路的决心是坚定不移的，中国将继续积极参与气候变化领域的国际合作，致力于在南南合作框架下加强同发展中国家的合作。

（2）倡议举行五国能源部长会议

中国、印度、日本、韩国和美国是世界主要能源消费国，人口总和接近29亿，石油消费量合计超过17亿吨，约占世界总量的45%。在能源和经济发展中，既有共同的利益，也面临共同的问题。面对国际石油价格剧烈波动、不断攀升的形势，为了保障能源安全，在中方倡议下，2006年12月在北京举行了中国、印度、日本、韩国和美国主管能源事务的部长会议，共同讨论当前全球能源形势，探讨促进能源安全、稳定和可持续发展的途径，展望世界能源发展未来。

中国、印度、日本、韩国和美国五国能源部长会议，可以说是一次树立和落实新能源安全观的会议，向国际社会传达了一个理性的、积极的信号，即世界主要能源消费国将进一步加强对话和互利合作，共同促进节约石油、提高能效，大力发展替代石油，减少对石油的过度依赖，加强能源技术合作研究和共同开发，注重能源环境保护。这不仅有助于各国之间进一步增进了解、扩大合作，同时，对亚太地区乃至全球能源的健康发展也具有积极意义。

会后发表了《中国、印度、日本、韩国、美国五国能源部长联合声明》，五国共同认识到，“中印日韩美在能源领域拥有共同利益。我们推动能源新技术开发应用、提高能效的政策，将极大地促进五国和全球的能源安全”。一致认为，各国可以加强的合作领域包括：能源结构多元化，节能提效，战略石油储备，信息共享等。五国共同呼吁，国际社会中的所有国家，采取下述措施，促进全球能源安全：一是建立公开、透明、高效和有竞争力的能源市场，包括透明、有效的法律和监管框架。鼓励对整个能源供应链，特别是油气勘探开发领域进行投资。二是促进能源供需及来源的多元化。三是采取节能提效措施，促进环境可持续能源技术的开发应用。四是通过战略石油储备，共同应对能源危机。五是保护重大能源基础设施和油气海运通道的安全。六是为市场提供高质量和及时的能源数据。

(3) 开展与石油进口国的战略对话

近年来，中国与美国、日本、印度和欧盟等石油进口国之间政府首脑和官员的多次互访沟通和战略对话，令世界瞩目，并产生了各方能源合作的积极效果。

例如，中国和印度是世界上两个最大的发展中国家，中国的和平发展，印度的奋起赶超，都离不开大量能源特别是石油消费，因而都面临着石油对外依存度逐年提高的局面。为了确保石油供应安全，中国和印度都采取了相同的能源外交政策，一方面积极实行石油进口多元化，另一方面与能源输出国签订长期油气购买合同，同时鼓励国有石油公司在海外投资购买油气田股份或者开采权。在国际市场充满变数和争夺的环境中，中印两国之间只有选择对话和合作，才能取得双赢效果。近年来，中印两国政府首脑和官员的多次互访，令世界瞩目。两国总理在 2002 年、2003 年和 2005 年的互访；2005 年 1 月中印首次战略对话的正式启动；2006 年 1 月印度石油部部长艾亚尔的访华，与中国国家发展与改革委员会主任马凯等高级政府官员和能源企业的负责人会面，签署了一份政府之间《加强石油与天然气合作的备忘录》和五份石油公司之间交流信息、研究和合作谅解备忘录。同时提出，两国将建立一个工作组，每年至少会晤一次，推动合作的进展。2006 年 11 月，应印度总统阿卜杜勒·卡拉姆的邀请，中国国家主席胡锦涛访问印度，并发表了《联合宣言》，双方同意，两国领导人将利用双边和多边渠道进行经常性会晤。中印两国战略对话的继续，必将促进中印两国在能源领域合作的加强，从而推进亚洲区域的能源合作和能源安全。

又如，中美两国已经多次举行经济和能源战略对话，成为两国高层就经贸政策互相沟通、解决棘手问题的一个有效渠道。2006 年 9 月，在杭州举行的第二次中美能源政策对话会上，双方一致同意，将提高能源效率和发展新能源与可再生能源作为未来一段时期两国能源合作的重点领域，并就如何继续推进中美能源合作提出了具体设想。2006 年 12 月，在北京举行的首次中美战略经济对话活动中，双方签署了《能源效率和可再生能源技术开发和利用领域合作议定书》，旨在加强两国在建筑节能、交通节能及汽车能源替代技术、工业节能、太阳能、风能、生物质能、地热能、海洋能、氢能等领域的科技合作。2007 年 6 月，在华盛顿举行的第二次中美战略经济对话活动中，双方在金融服务业、非金融服务业和投资、透明度等方面，明确了彼此的关系，加深了互信；在环保和能源领域，双方认为，两国在减少排放、提高能效、发展清洁能源和可再生能源等方面具有广泛的合作空间，这些合作将为中美经贸关系注入新的活力。2007 年 12 月，在北京举行的第三次中美战略经济对话期间，中美双方就在能源和环保领域开展合作进一步达成了共识。2008 年 6 月，在华盛顿举行的第四次中美战略经济对话期间，中美双方共同签署了《中美能源环境十年合作框架》文件，指出将在互相补充和共赢的原则基础之上，把合作的重点放在能源、减少污染和保护自然资源上。在今后两国领导人战略对话中，能源问题将依然是一个重要议题。

再如，近年中国与日本两国领导人之间的战略对话再次启动，加快了双方能源和经济领域互利合作的深入发展。2007年4月，中国总理温家宝应邀访问日本，这是中国总理时隔七年首次对重要邻国日本的访问，国际舆论普遍予以积极评价。访问期间，温家宝与日本首相安倍晋三举行了会谈，双方确认了中日战略互惠关系的内涵，同意建立中日经济高层对话机制，表示要共同努力，提高双方在各领域的合作水平。双方还就加强在双方各个领域的互利合作交换了意见，并达成了重要共识。在能源领域，双方一致认为应加强合作；双方举行了“中日能源合作研讨会”，来自中日两国的近600位企业家共聚一堂，探讨加强能源合作问题。2008年5月，中国国家主席胡锦涛应邀对日本进行国事访问，与日本内阁总理大臣福田康夫签署了《中日关于全面推进战略互惠关系的联合声明》。双方决心全面推进中日战略互惠关系，实现中日两国和平共处、世代友好、互利合作、共同发展的崇高目标。双方决定在增进政治互信、促进人文交流、加强互利合作、共同致力于亚太地区的发展、共同应对全球性课题等五大领域构筑对话与合作框架，开展合作。能源被确定为加强互利合作的重点领域，明确提出“在能源和环境领域开展合作是我们对子孙后代和国际社会的义务，基于这一认识，要特别加强在这一领域的合作”。正是在双方共同努力下，经过多年的平等协商，于2008年6月就东海问题达成原则共识。东海问题的解决，有利于东海的和平与稳定，有利于中日加强在能源等领域的互利合作和供应安全，有利于中日关系的健康稳定发展，也有助于亚洲和世界的和平、稳定与发展。

(4) 推进与石油输出国的战略对话

加强能源消费国与出口国之间的对话和合作，有利于国际油价的稳定和能源供应安全，我国在这方面的工作也取得了重要进展。

例如，开展与欧佩克（OPEC）国家的直接对话。中国是世界上主要能源生产国和消费国之一，OPEC是石油输出国政府间组织。中国与OPEC加强对话与合作，有助于国际能源市场的健康发展。2005年12月，以时任OPEC轮值主席、科威特能源大臣法赫德为首的代表团在北京与中国国家发改委主任马凯进行会谈，双方发表了“第一届中国—OPEC能源对话”联合声明，指出“为保持市场稳定，双方在共同关心的能源问题上，特别是供给和需求安全方面相互交换看法”，并确立了OPEC和中国在合适的时间进行部长级会晤和技术、信息交流。从此，中国政府与OPEC正式建立了“中国—OPEC能源对话”机制。至今，中国与OPEC已经举行了两次高层能源圆桌会议。2006年4月，首次中国—OPEC圆桌会议在维也纳OPEC总部举行。中国国家能源领导小组办公室副主任兼国家发改委能源局局长徐锭明率领中国代表团与OPEC执行秘书长穆罕默德·萨努西·巴尔基诺以及来自八个OPEC成员国的代表就双方在能源领域加强合作的议题坦诚地交换了意见。双方再次认为，在世界能源需求不断增加的前景下，中国与OPEC加强能源领域的对话非常重要。2007年10月，由中国国家发改委与OPEC秘书处共同主办的第二次中国—OPEC能源圆桌会议在北京举行，出席会议的OPEC代表来自OPEC成员国和OPEC秘书处，中方代表来自国家发改委能源局、国民经济综合司、交通运输司、外事司，外交部，以及中石油、中石化和中海油三家国内能源企业。双方的第二次对话，目的在于建立长效机制，就共同关心的能源问题开展多层面交流；主要议题是全球石油市场与中国石油市场展望、OPEC 在稳定国际石油市场方面发挥的作用、OPEC 成员国与中国在上下游领域开展的合作等；重点探讨在平衡稳定的框架下确保能源供求安全，促进双方长期互利合作。双方决定 2008 年在维也纳 OPEC 总部举行第三次中国—OPEC 能源圆桌会议。

又如，开展与俄罗斯的能源对话。中国和俄罗斯两国能源领域对话已有 15 年的历史，近几年呈现出积极的能源合作效果。2006 年中国举办“俄罗斯年”，2007 年俄罗斯举办“中国年”，加深了两国的战略协作伙伴关系。2006 年 3 月，普京总统访华期间，中俄在能源领域签署了一系列合作文件。之后，有关能源合作话题的会议接连举行。2006 年 7 月，中国和俄罗斯两国有关部门的官员和学者在莫斯科和北京两个会场同时举行“全球化条件下的俄中能源合作”视频圆桌会议，对双方能源合作的现状和发展前景进行了探讨。2007 年 3 月，胡锦涛主席访俄，与普京总统签署了《中俄联合声明》。声明中谈到关于能源问题，认为“逐步落实能源领域的大型双边合作项目，将有力推动中俄经济增长和加强两国经济安全”；“将共同努力，支持两国公司继续推进双方有关油气、电力合作项目，巩固和发展中俄在能源领域全面、长期的战略协作关系”。2007 年 10 月，在莫斯科大学由中国社会科学院与俄罗斯科学院共同举办的中俄经济论坛上，双方专家学者探讨了共同关心的煤炭、石油、天然气和新能源资源开发利用及双方互利合作的问题。2008 年 5 月，俄罗斯新任总统梅德韦杰夫访华，中俄签署了《中华人民共和国和俄罗斯联邦关于重大国际问题的联合声明》。声明中提出要加强各国能源对话和合作，“双方呼吁各国本着平等互惠的原则加强能源对话与协调，以稳定和完善国际能源供需市场，共同维护全球能源安全。双方支持树立和落实互利合作、多元发展、协同保障的新能源安全观，加快研发和推广有利于环境保护的新能源技术”。

(5) 开拓与其他国家的能源对话

为了推动全球能源安全，我国还为与其他能源生产国、消费国，以及国际能源组织（机构）开展能源对话、交流和合作做了大量工作。

例如，中澳能源对话。2005 年 4 月，在博鳌亚洲论坛中国和澳大利亚能源合作专题会议上，国家发改委主任马凯和澳大利亚总理霍华德在讲话中坚信，有两国企业加强交流和合作的强烈愿望，有两国政府的积极支持和大力推动，经过双方的共同努力，中澳能源合作必将不断取得新的进展。

又如，中国与中非领导人对话。2006 年，适逢中国开启非洲外交 50 周年，胡锦涛主席和温家宝总理分别于 4 月和 6 月访问非洲，11 月，中非合作论坛北京峰会暨第三届部长级会议召开，48 个非洲国家的国家元首、政府首脑或代表共叙中非友谊，共商合作大计，共谋未来发展。在友谊、和平、合作、发展的主题下，北京峰会通过了《中非合作论坛北京峰会宣言》和《中非合作论坛——北京行动计划（2007 至 2009 年)》两个成果文件，确立发展中非新型战略伙伴关系，对中非未来三年合作进行全面规划，取得了丰硕成果。中非能源合作在全球化和高油价的时代下被赋予了新的内涵。非洲被誉为“第二个中东”，将成为全球重要的石油供应源。中国在平等互惠、互利双赢的原则下同非洲进行能源合作，不仅能满足中国快速增长的能源需求，也能推动非洲国家自主开发油田和发展经济，有利于推动建设和谐世界。

再如，中国与亚太各国领导人对话。2007 年 9 月，胡锦涛主席对澳大利亚进行国事访问，并出席在悉尼举行的亚太经合组织第十五次领导人非正式会议。与会期间，胡锦涛主席会见了 9 个亚太国家领导人，就加强双边友好合作、增进在国际和地区问题上的协调与合作达成广泛共识。在双边对话中，胡锦涛主席同韩国总统卢武铉一致同意，两国以建交 15 周年为契机，共同努力深化中韩全面合作伙伴关系，维护朝鲜半岛和东北亚稳定。胡锦涛主席同印尼总统苏西洛共商拓展能源等领域合作，巩固和发展睦邻友好的战略伙伴关系，推动中国—东盟战略伙伴关系不断发展。胡锦涛主席同新西兰总理克拉克同意尽早完成中新双边自由贸易谈判签署协定，提高中新全面合作关系水平。

还有中欧能源对话。2008 年 3 月，温家宝总理在芬兰首都赫尔辛基同欧盟轮值主席国芬兰总理万哈宁、欧盟委员会主席巴罗佐举行第九次中欧领导人会晤，会后发表的《第九次中欧领导人会晤联合声明》指出，全球能源安全关系经济命脉和民生大计，对维护世界和平稳定、促进各国共同发展至关重要。双方领导人强调中欧高级别能源工作组以及定期中欧能源合作大会的战略意义，将采取适当措施，进一步加强能源对话，继续加强务实合作，特别是在清洁煤行动计划和能效与可再生能源行动计划框架内加强合作，为可持续经济社会发展营造稳定、安全、经济和清洁的能源环境。

此外，中国与阿拉伯国家 2006 年 6 月在北京举行的合作论坛第二届部长级会议上确立的建立能源对话合作机制，近几年正按计划顺利开展。中国与哈萨克斯坦等中亚国家，以及中国与委内瑞拉、巴西、厄瓜多尔等拉美国家的能源对话与合作，近年也在积极进行。

2. 积极推进国际能源互利合作

我国加强与各国领导人的直接对话，尤其是建立能源战略对话机制，对推进国际能源互利合作具有积极意义。国际能源互利合作必将成为推动国际关系民主化、世界格局多极化、构建和谐世界以及保障全球能源安全的强大动力。这是我国提出的新能源安全观的深远历史意义之所在。

当前，全球主要能源消费国家能源发展中的突出矛盾是石油供不应求。中国、美国、欧盟、日本、印度以及其他石油消费国家的石油需求量将随着经济的发展而不断增加。同时，因受国内资源条件制约，石油对外依存度将随之提高。而从石油资源及供应看，世界石油资源及生产供应量的70%多集中在中东以及俄罗斯和非洲等产油国家，特别是中东地区和OPEC产油国家，石油可采储量占世界总量的3/4以上，目前其石油对外供应量（净出口量）已超过世界产油国家对外供应总量的60%。未来石油进口国家的石油供应来源将继续主要依赖中东地区和OPEC国家。因此，全球能源安全问题的焦点是石油安全供应问题：一是石油供应数量能否满足需要；二是石油供应的运输通道能否畅通。这些问题已经引起石油进口国家以及石油生产和输出国家的高度关注。近几年，世界石油进口国家围绕石油安全供应问题而展开的争夺甚至战争，也主要由此产生。

面对石油对外依存度的上升，以及对国际石油资源的争夺形势，石油进口国之间、石油进口国与石油输出国之间应该在平等互利的基础上开展能源合作。互利合作，共同发展，才符合各国的根本利益。

(1) 互利合作，才能保障能源安全

在国际市场充满变数和争夺的环境中，为了确保石油供应安全，无论是石油进口国还是石油生产和输出国都面临着是“竞争”还是“合作”的严峻选择。

选择“竞争”，要付出高昂代价。近几年，中、美、日、印等主要石油进口国的石油公司在购买国外油田的开采权和油田股份中，或在开发利用海上油气田中，已多次发生冲撞，展开激烈竞争和角逐，甚至上升到捍卫国家主权的高度，最后不得不付出高昂的代价，造成严重的后果。例如，日本与中国先是围绕着安大线与安纳线的明争暗斗，后是在东海油气资源开发权上的激烈争执，使两国关系日趋恶化。又如，中国和印度在安哥拉一家油田开采权的竞拍中进行激烈争夺，最后尽管中国胜出，但所付代价也相当高昂。还有，马六甲海峡能源运输通道的安全问题，等等。

选择“合作”，可取得共赢效果。在经历了“竞争”遭受的损失之后，全球石油进口国家都已感到有必要调整能源战略。一方面，积极实行石油进口多元化；另一方面，开展各方之间在能源领域的互利合作，与能源输出国签订长期油气购买合同，同时鼓励国内石油公司在国外投资购买油气田股份或者开采权。可以想象，主要石油进口国家的石油公司联手进行海外投资开发，既可以减少不必要的交易成本，还可以互通有无，扬长避短，从而获得双赢。石油进口国家的联手可以增加各国与能源输出国特别是 OPEC 和俄罗斯进行价格谈判时的筹码，进而能以最优惠的价格取得最佳的经济效益。此外，能源互利合作还会产生积极的“溢出效应”，从而推动世界能源市场一体化和能源安全。

（2）依据国情，选择互利合作领域

近年来，世界各国无论是能源消费国还是能源生产国，在开展国际能源互利合作中，都根据本国经济和能源发展的需要，选择合作的领域和合作的途径。从我国能源发展的要求来看，我国与其他能源消费国家之间正在进行和可以开展的能源合作领域主要有：

①油气田勘探和开采领域的交流合作

我国坚持实施“立足国内，开拓国际，油气并举”的石油工业可持续发展战略，需要加强在海外的油气资源勘探和开采工作，寻求国际合作，以保障能源供应安全。在这个领域的合作，主要是与各国石油公司在本国之外开展能源（主要是油气田）的投资、勘探、开采、加工和运输等多环节和多边合作，还包括共同开发国际石油天然气市场、共同建立战略储备，以及共同建设能源安全通道等，从而保证石油供应和价格的稳定。

②油气替代能源技术开发和应用领域的交流合作

从长远看，世界石油和天然气资源将越来越紧缺，必须尽早寻找、研究和开发油气替代能源，包括核能、太阳能、风能、小水电、生物质能等新能源和可再生能源的开发和利用。主要石油进口国之间在这些领域的紧密合作，可以取长补短，优势互补，共享成果，取得实效。在这些领域，各国应着眼于建立和发展长期互利合作，努力营造和不断改善投资环境，鼓励和支持企业在能源领域相互投资，并积极探索能源合作的新方式、新领域。

③煤电一体化和发展循环经济领域的交流合作

我国是世界煤炭资源和煤炭消费大国，美国、日本和其他石油消费国家为减少石油消费也增加了煤炭需求，都面临着环境保护的严峻挑战。开拓煤炭的清洁利用和发展循环经济，是煤炭和能源可持续发展的必然选择。我国政府和有关能源企业正在采取措施，加强煤炭资源管理，提高煤炭综合利用水平；合理调整结构，建设新型煤炭产业体系；鼓励煤电一体化发展和洁净煤技术开发，确保煤炭可持续发展和能源安全。在这些方面，我国迫切需要借鉴国际先进经验，寻求合作途径。

④节能技术领域的交流合作

我国能源发展领域面临着“以能源翻一番确保经济翻两番”的严峻任务，能源节约已经被列为与开发煤炭、石油、天然气和水能资源同等重要的“第五能源”，迫切需要开发和引进国际先进的节能技术和管理经验，包括燃煤锅炉、工业窑炉、电机、风机等用能设备的节能改造技术；高耗能工业生产过程集成优化节能技术和新工艺；低耗能建筑节能技术；节约和替代石油关键技术等，以降低能源消耗，提高能源效率和经济效益。

第五章
我国能源安全政策与实践

为了应对全球性的能源需求增长、石油价格大幅度攀升、生态环境的严重压力，以及能源供应安全问题，无论是发达国家还是发展中国家，都根据各自的国情，加强能源本国立法，调整能源战略和政策，开展能源外交。我国是目前世界第二大能源消费国和生产国，2007年，一次能源生产总量为23.7亿吨标准煤，一次能源消费总量达到26.5亿吨标准煤，占世界总量的16%左右。为了能源供应安全，中国同样重视能源发展战略和政策措施的制定和完善工作。

我国自1992年起能源消费总量超过能源生产总量，至今能源供应低于能源消费的趋势仍在延续。能源生产与消费平衡差，1992年为－1914万吨标准煤，2000年上升到－9575万吨标准煤，2007年已达到－28480万吨标准煤。近些年，中国煤、电、油供应全面紧缺，石油对外依存度接近50%。21世纪头20年，为实现建设小康社会奋斗目标，需要消耗大量的能源，能源领域再次面临“以能源翻一番确保经济产值翻两番”的严峻挑战。为保障能源安全，我国正在加强能源法规建设，修订和实施能源发展战略、规划和政策措施。

一　我国能源法律和政策的实施

1. 能源法规体系逐步完善

借鉴各国能源战略和政策调整的经验，我国政府从国情出发，遵循能源和经济发展客观规律，对现有能源法规及其建设情况进行认真总结和适时修订。

2005 年 2 月 28 日，第十届全国人民代表大会常务委员会第十四次会议通过并公布的《中华人民共和国可再生能源法》，已于 2006 年 1 月 1 日起施行。

2007 年 10 月 28 日，第十届全国人民代表大会常务委员会第三十次会议通过修订后的《中华人民共和国节约能源法》，已于 2008 年 4 月 1 日起施行。

2007 年 12 月 3 日，国家能源领导小组办公室授权向社会公布了《中华人民共和国能源法》（征求意见稿），并确定从 2007 年 12 月起至 2008 年 2 月 1 日向公众公开征集意见，以提高立法工作的科学性、民主性和透明度。

与此同时，为了提高能源立法的系统性和科学性，2005 年 3 月，国家发展和改革委员会能源局委托中国法学会能源法研究会开展中国能源法律体系框架的研究，并于 2006 年 10 月完成课题研究报告《中国能源法律体系研究——能源立法：战略　安全　可持续发展》，对国家能源立法和形成法律体系做了很好的前期准备和铺垫工作。

《能源法》将是中国能源领域的基础性法律，对能源领域单行法律起指导和协调作用，涵盖范围包括煤炭、原油、天然气、煤层气、水能、核能、风能、太阳能、地热能、生物质能等一次能源和电力、热力、成品油等二次能源，以及其他新能源和可再生能源。《能源法》的具体法律条文包括总则、能源综合管理、能源战略与规划、能源开发与加工转换、能源供应与服务、能源节约、能源储备、能源应急、农村能源、能源价格与财税、能源科技、能源国际合作等，为确保国家能源安全提供法律保障。

2. 能源发展规划和政策的实施

为满足实现建设小康社会奋斗目标对能源的需求，我国政府制定、修订和调整了国家的能源规划和政策措施，包括能源发展规划和能源节约规划，从开发和利用两个方面采取措施，保障能源安全和经济可持续发展。

2004 年 6 月 30 日，国务院总理温家宝主持召开国务院常务会议，讨论并原则通过《能源中长期发展规划纲要（2004—2020 年）》（草案）。纲要提出了解决能源问题的方针和八项措施，明确要坚持把节约能源放在首位。在国家能源规划中正式提出要把节约能源放在首位，这是第一次，意义重大。这八项措施是：一要坚持把节约能源放在首位，实行全面、严格的节约能源制度和措施，显著提高能源利用效率。二要大力调整和优化能源结构，坚持以煤炭为主体，电力为中心，油气和新能源全面发展的战略。三要搞好能源发展合理布局，兼顾东部地区与中西部地区、城市与农村经济社会发展的需要，并综合考虑能源生产、运输和消费合理配置，促进能源与交通协调发展。四要充分利用国内外两种资源、两个市场，立足于国内能源的勘探、开发和建设，同时积极参与世界资源的合作和开发。五要依靠科技进步和创新。无论是能源开发还是能源节约，都必须重视科技理论创新，广泛采用先进技术，淘汰落后设备、技术和工艺，强化科学管理。六要切实加强环境保护，充分考虑资源约束和环境的承载力，努力减轻能源生产和消费对环境的影响。七要高度重视能源安全，搞好能源供应多元化，加快石油战略储备建设，健全能源安全预警应急体系。八要制定能源发展保障措施，完善能源资源政策和能源开发政策，充分发挥市场机制作用，加大能源投入力度。深化改革，努力形成适应全面建设小康社会和社会主义市场经济发展要求的能源管理体制和能源调控体系。

2004 年 11 月 25 日，经国务院同意，国家发展和改革委员会正式发布了《节能中长期专项规划》。这是改革开放以来我国制定和发布的第一个节能中长期专项规划。规划提出，2003—2020 年年均节能率为 3%，形成节能能力为 14 亿吨标准煤，相当于同期规划新增能源生产总量 12.6 亿吨的 111%，相当于减少二氧化碳排放 2100 万吨。

2005 年 6 月 27 日，国家发布《国务院关于做好建设节约型社会近期重点工作的通知》（国发〔2005〕21 号），就做好 2005 年和 2006 年建设节约型社会重点工作进行了部署。要求：大力推进能源节约，深入开展节约用水，积极推进原材料节约，强化节约和集约利用土地，加强资源综合利用，加快节约资源的体制机制和法制建设，加强对资源节约工作的领导和协调。对节能工作提出的要求是：落实《节能中长期专项规划》提出的十大重点节能工程；抓好重点耗能行业和企业节能；推进交通运输和农业机械节能；推动新建住宅和公共建筑节能；

引导商业和民用节能；开发利用可再生能源；强化电力需求管理，加快节能技术服务体系建设。

2005年8月，国家发展和改革委员会向社会发布《“十一五”十大重点节能工程实施意见》（发改环资〔2006〕1457号），正式启动十大重点节能工程，提出实现节约2.4亿吨标准煤的节能目标。

2006年3月14日，第十届全国人民代表大会第四次会议批准的《中华人民共和国国民经济和社会发展第十一个五年规划纲要》提出“优化发展能源工业”的总体要求，并具体化为“有序发展煤炭、积极发展电力、加快发展石油天然气、大力发展可再生能源”的战略部署和“坚持节约优先、立足国内、煤为基础、多元发展，优化生产和消费结构，构筑稳定、经济、清洁、安全的能源供应体系”的发展方针（或政策）。规划纲要中对“十一五”时期能源节约和污染物减排的具体目标和要求是：“十一五”期末全国单位国内生产总值能源消耗应比“十五”期末降低20%左右，主要污染物排放总量减少10%。这是实施《节能中长期专项规划》的重要一步。

2006年8月6日，国家发布《国务院关于加强节能工作的决定》（国发〔2006〕28号），强调“必须把节能摆在更加突出的战略位置”，“必须把节能工作作为当前的紧迫任务”。

2007年4月，国家发展和改革委员会授权向社会公布了《能源发展“十一五”规划》，阐明国家能源战略，明确能源发展目标、开发布局、改革方向和节能环保重点，是“十一五”期间中国能源发展的总体蓝图和行动纲领。能源发展规划提出，到2010年，中国一次能源消费总量控制目标为27亿吨标准煤左右，年均增长4%。煤炭、石油、天然气、核电、水电、其他可再生能源分别占一次能源消费总量的66.1％、20.5％、5.3％、0.9％、6.8％和0.4％；一次能源生产目标为24.46亿吨标准煤，年均增长3.5％。煤炭、石油、天然气、核电、水电、其他可再生能源分别占74.7％、11.3％、5.0％、1.0％、7.5％和0.5％。

2007年6月3日，国家发布了《国务院关于印发节能减排综合性工作方案的通知》，在重申“十一五”节能减排目标的同时，强调要“全面贯彻落实科学发展观，加快建设资源节约型、环境友好型社会，把节能减排作为调整经济结构、转变增长方式的突破口和重要抓手，作为宏观调控的重要目标”；要“综合运用经济、法律和必要的行政手段，控制增量、调整存量，依靠科技、加大投入，健全法制、完善政策，落实责任、强化监管，加强宣传、提高意识，突出重点、强力推进，动员全社会力量，扎实做好节能降耗和污染减排工作”。

2005年以来，国务院、国家发展和改革委员会先后发布的各类能源发展规划和政策有：《国务院关于促进煤炭工业健康发展的若干意见》（国发〔2005〕18号，2005年6月），《煤层气（煤矿瓦斯）开发利用“十一五”规划》（2006年6月5日发改委主任第116次办公会议审议通过），《煤炭工业发展“十一五”规划》（国家发展和改革委员会，2007年1月），《民用核安全设备监督管理条例》（国务院令 第500号，2007年7月），《核电中长期发展规划（2005—2020年）》（国家发展和改革委员会，2007年10月），《煤炭产业政策》（国家发展和改革委员会公告，2007年第80号，2007年11月），《可再生能源中长期发展规划》（发改能源〔2008〕610号，2008年3月）。

2007年12月，中华人民共和国国务院新闻办公室授权发布了《中国的能源状况与政策》。在这之前，中国政府曾在1995年、1997年发布过《中国能源》（白皮书），但均类似于年度发展报告，而且是以部门名义发布的。时至今日，及时从国家层面宣传既定能源战略、方针、政策，提高国际认知度和透明度，已经成为我国能源发展的形势所需。

《中国的能源状况与政策》全面阐述了我国正在实施的能源规划和政策，包括能源战略目标、能源供给、能源节约、能源科技、能源国际合作等方面的内容，是我国现阶段能源政策的纲领性文件，是国际社会全面了解我国能源现状和政策的重要途径。我国能源供应持续增长，为经济社会发展提供了重要的支撑。能源消费的快速增长，为世界能源市场创造了广阔的发展空间。我国已经成为世界能源市场不可或缺的重要组成部分，对维护全球能源安全，正在发挥着越来越重要的积极作用。我国政府正在以科学发展观为指导，加快发展现代能源产业，坚持节约资源和保护环境的基本国策，把建设资源节约型、环境友好型社会放在工业化、现代化发展战略的突出位置，努力增强可持续发展能力，建设创新型国家，继续为世界经济发展和能源安全作出更大贡献。

3. 中国能源管理和执法机构的建立

能源安全和可持续发展离不开能源管理。国内外实践证明，加强能源管理是能源可持续发展的必要条件。能源管理部门是一个关系国计民生的国民经济重要组成部门，涉及煤炭、石油、天然气、电力、新能源和可再生能源的生产、运输和供应等各个行业，以及能源消费各个部门（产业和企业），必须统一规划，协调发展，才能取得经济效益和社会效益。特别是能源产业涉及石油等国家短缺战略物资，以及电网和天然气网的建设和运行等国家经济命脉，必须由国家统一管理、统筹兼顾、宏观调控和执法监督。同时，能源自身互换性很强，一种能源形式可以通过各种转换工艺生成两种或多种能源形式，一种产品生产可以使用一种或多种能源作为原料或燃料，能源生产和消费的自身特点也决定了能源产业是一个综合性很强的产业部门，需要加强综合监管。

我国在能源管理和监督执法方面的工作也取得了重要进展。2008 年 3 月，第十一届全国人民代表大会第一次会议审议通过的《国务院机构改革方案》中明确提出，要"加强能源管理机构，保障国家能源安全"。该方案提出的加强能源管理机构的具体意见是：

设立高层次议事协调机构国家能源委员会——"能源问题涉及多领域、多部门，为加强能源战略决策和统筹协调，设立高层次的议事协调机构国家能源委员会，负责研究拟订国家能源发展战略，审议能源安全和能源发展中的重大问题。"

组建国家能源局——"为加强能源行业管理，组建国家能源局。将国家发展和改革委员会的能源行业管理有关职责及机构，与国家能源领导小组办公室的职责、国防科学技术工业委员会的核电管理职责进行整合，划入该局。""国家能源局主要负责拟订并组织实施能源行业规划、产业政策和标准，发展新能源，促进能源节约等。国家能源委员会办公室的工作由国家能源局承担。为促进能源管理与经济社会发展规划和宏观调控的紧密结合，统筹兼顾，国家能源局由国家发展和改革委员会管理。"

我国能源管理体制的改革正在遵照循序渐进的原则，对现有管理机构及其职能进行有效的调整和组合。它将有力推动我国的能源管理工作，为确保能源稳定、协调与可持续发展，以及维护国家能源安全提供必要的组织保障。

二　我国能源战略和政策的基本要点

我国实现现代化所选择的道路是一条和平发展的道路，为确保能源安全和经济可持续发展，必须坚持“对内全面改革，独立自主”和“对外扩大开放，平等互利”。综合现已公布的各项法规和规划，我国正在实施的能源发展战略和政策措施是：立足国内，节约优先，多元发展，依靠科技，保护环境，加强国际互利合作，努力构筑稳定、经济、清洁、安全的能源供应体系，以能源的可持续发展支持经济社会的可持续发展。我国能源战略和政策的基本要点是：

1. 立足国内

我国坚持和平发展道路，现代化建设所需的能源只能立足国内，转变经济发展方式，提高能源利用效率，走科技含量高、经济效益好、资源消耗低、环境污染少、安全有保障的能源与经济全面协调和可持续发展的道路。

我国既是能源消费大国，更是能源生产大国，20 世纪 90 年代以来能源总自给率始终保持在 90％以上（见图 5-1）。规划 2010 年能源生产总量目标为 24.5 亿吨标准煤，约占规划能源消费总量的 91％。我国能源结构中，煤炭是主体。能源消费中，煤炭占 68.9％；能源生产中，煤炭占 76.4％；能源资源中，煤炭占 73.8％（见图 5-2）。中国煤炭资源丰富，按规划

2010年27亿吨煤炭产量计算，已查明煤炭基础储量可供开采120年以上。我国有条件立足于主要依靠国内资源来保障能源需求，“立足国内”是我国能源发展的基本战略。

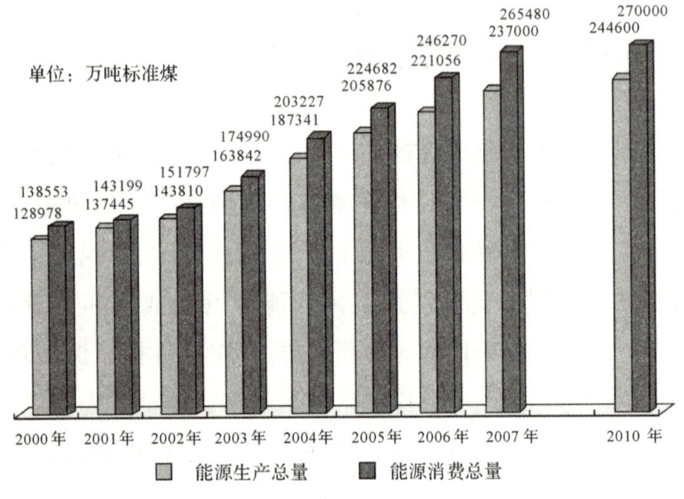

图5-1　我国历年能源生产和消费量

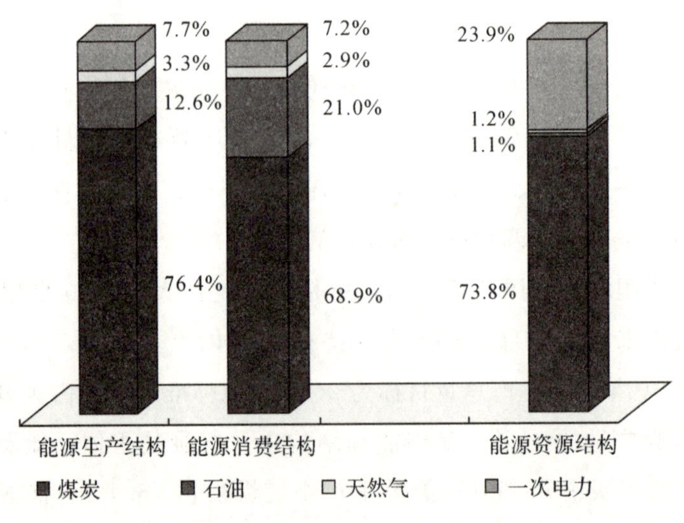

图5-2　我国能源结构（2005年）

当前，我国正在多方面采取措施，在保障安全生产的前提下，努力增加国内能源供给，继续保持较高的能源自给水平。

2. 节约优先

应对21世纪头20年能源领域再次面临“以能源翻一番确保经济产值翻两番”的严峻挑战，我国必须坚持实施“开发与节约并举，把节约放在首位”的能源战略。

实践证明，我国在20世纪80年代初提出的“开发与节约并重，近期把节约放在优先地位”和90年代经过修订重申的“坚持开发与节约并举，把节约放在首位”的能源总战略，是完全正确的。我国1981—2000年20年间能源消费弹性系数为0.431，大约提前五年实现了当时党中央、国务院提出的1981年至2000年20年间以能源翻一番确保经济产值翻两番的发展目标。20年间，中国以年均增长4.25%的能源消费支撑了年均9.85%的经济增长速度。按环比法计算，累计节约和少用能源总量11.59亿吨标准煤，年均节能量达5793万吨标准煤。

我国“十一五”规划提出的经济发展目标是，国内生产总值年均增长率为7.50%。同时，提出了单位国内生产总值能耗降低20%的约束性指标。按此要求测算，我国“十一五”时期能源需求量的年均增长率只能维持在2.81%，能源消费弹性系数大致为0.374。这就意味着，我国实现“十一五”规划经济增长目标所需能源，依靠能源开发的新增量只能占37.4%，其余62.6%要依靠能源节约来解决，必须继续实施“节能优先”战略和政策措施。

正是实施了节能优先战略，国家加大了宏观政策调整和节能减排力度，不仅继续调整和优化产业结构，而且出台了一系列有利于能源行业长远发展和能源节约的法规和政策措施，因而有效地抑制了近几年能耗过度膨胀的局面。全国能源消费总量的增长率，由2004年最高的16.14%下降到2005年的10.56%、2006年的9.61%和2007年的7.80%，降低8.34个百分点。更为可喜的是，扭转了全国万元GDP能耗指标自2003年起连续三年上升的势头（见图5-3），2006年和2007年全国万元GDP能耗（按2005年可比价计算）分别为1.204吨标准煤和1.160吨标准煤，比2004年（1.225吨标准煤）和2005年（1.226吨标准煤）减少了0.021、0.022和0.065、0.066吨标准煤，三年间年均节能率为1.80%。

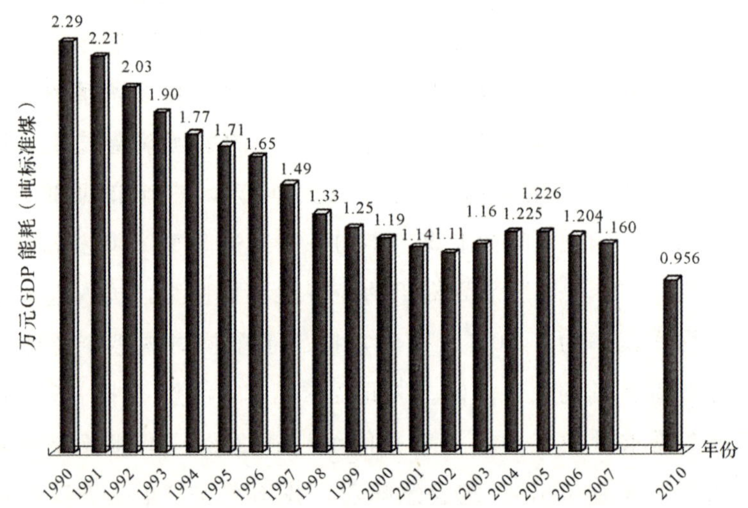

图5-3　我国万元GDP能耗变化趋势（按2005年可比价计算）

我国按现有13亿人口平均的能源资源探明储量，人均煤炭可采储量仅为世界平均水平的55.5%，人均石油可采储量为世界平均水平的10.9%，人均天然气可采储量为世界平均水平的4.3%(见图5-4)。因此，能源开发与节约并举，比之单纯强调能源开发，更符合我国经济和能源发展的客观规律，符合我国国情。节能优先，不是权宜之计，而是长期的任务。它是实现能源和经济可持续发展的一项长期战略任务；是建设资源节约型、环境友好型社会的必然选择；是推进经济结构调整，转变经济发展方式的必由之路；是提高人民生活质量，维护中华民族长远利益的必然要求。从这个意义上说，大力节能，提高能源效率，可视为与煤炭、石油、天然气和电力同等重要的“第五能源”。

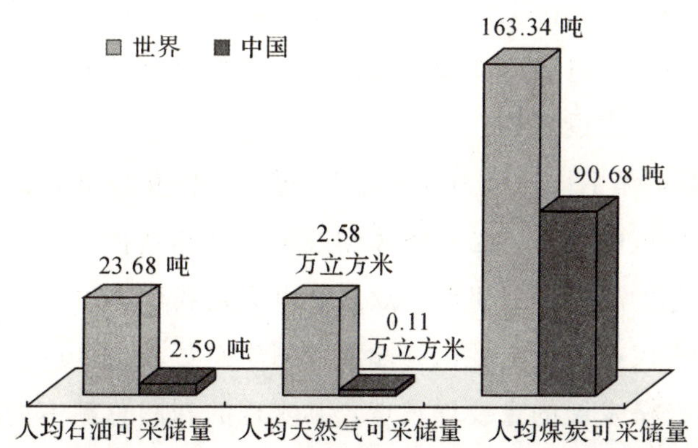

图5-4　我国和世界人均能源资源占有量比较

从国情出发，总结历史经验，我国正在实施的节能战略是：以广义节能为基础，以工业节能、石油节约和电力节约为重点，提高能源利用效率。节能的基本途径是：以市场为导向，树立全面节约观念，通过“调整经济结构、加强能源管理、节能技术改造和创新”三条途径，采取各种有效措施合理用能和节约用能，实现能源、资源与经济社会全面协调和可持续发展。

3. 多元发展

从国情出发，我国正在实施的能源开发战略是，坚持“煤为基础、多元发展”，形成“煤炭为主体，电力为中心，油气、新能源全面发展”的能源结构；同时，坚持能源开发和利用的区域平衡和协调发展。当前，我国调整和优化一次能源结构的重点是，解决石油供不应求的结构性矛盾，提高天然气、水能、核能、风电、生物质能等清洁能源、优质能源和可再生能源的比重，并在降低煤炭比例的同时开拓煤炭资源优质开发利用的新路子。我国区域能源协调发展的重要工作是：做好北方煤炭、西南水电、西部和海域油气、东部核电等大型能源生产基地的全面建设规划。

“煤炭为主体，电力为中心”，煤电一体化发展，是我国能源产业发展的核心，是经济体制改革的必然选择，是一个具有中国特色的战略发展思路。煤炭和电力是我国国民经济的基础产业，不仅在数量上提供终端能源消费总量的2/3以上，而且是国民经济发展的重要增长点，其实现的利润总额占能源产业的1/3和全部工业的1/6～1/5。煤炭是我国能源的支柱，煤炭是可以实现优质利用的。电力是重要的二次能源，在自然界各种形式的能量中，唯有电力可以实现一切能量的相互转换（即：所有的一次能源都可以转换成电力，电力都可以转换成其他形式的能量）。煤炭是中国电力发展的基础能源，电力是煤炭的最大用户。中国电力工业选择以煤为主的电源结构，无论是过去、现在还是将来，都是经济、安全的必然选择。发展电力工业可以使煤炭得到清洁利用，从而使整个能源系统步入可持续发展的轨道。

石油和天然气是优质能源，对优化能源结构起着重要作用。我国石油工业的发展，将从国家长远发展和经济安全考虑，坚持实施可持续发展战略，总的是立足国内，开拓国际，油气并举，厉行节约，建立储备，维护安全。在油气开发方面，按照“挖潜东部，发展西部，加快海域，开拓南方”的思路，加强国内石油天然气勘探开发，继续稳定和提高国内油气产量。

全面开发利用可再生能源，是优化能源结构，改善环境，促进经济社会可持续发展，以及解决边疆、海岛、边远地区和少数民族地区用能问题的需要。可再生能源是无污染的永续的能源，在《可再生能源法》指导下，有关部门加大可再生能源的开发利用力度，依靠技术进步提高国产化水平，实现产业发展与经济效益的有机结合。

我国能源多元发展战略体现在区域能源协调发展上，就是加快西部能源开发，这是贯彻落实国家西部大开发战略的重要内容。我国常规能源查明和剩余可采总资源量中，西南、西北和华北地区所占比例超过 80%（见图 5-5)。充分开发利用中

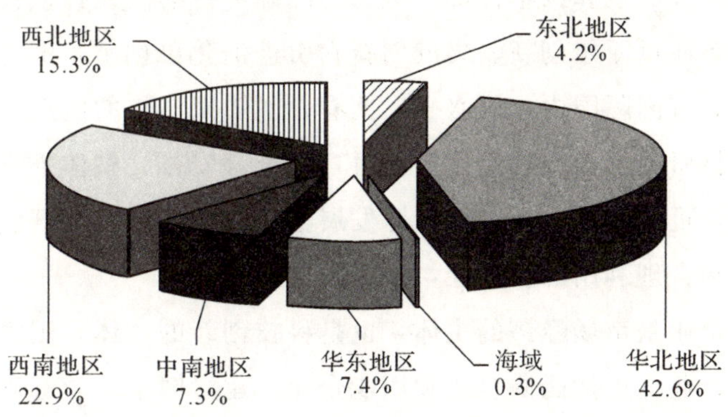

图 5-5　我国常规一次能源资源的地区分布（2005 年基础储量）

国西部地区丰富的优质能源，对于保障国家能源安全供应，调整和优化能源结构，构筑稳定、经济和清洁的能源生产供应体系，都具有重要而深远的意义。

4. 依靠科技

科学技术是第一生产力，是能源发展的动力源泉。我国政府于2005年制定了《国家中长期科学和技术发展规划纲要》，明确要把能源技术放在优先发展位置。我国正在实施的能源科技战略是：以企业为主体，以市场为导向，建立和完善“产、学、研”相结合的科技创新体系，壮大富有创新精神的人才队伍，增强自主创新能力，整体推进，重点突破，推动经济社会可持续发展。

按照“建设创新型国家”的战略决策，我国把增强自主创新能力作为发展能源科技的战略基点，走出中国特色自主创新道路。要从中国的实际出发，按照自主创新、重点跨越、支撑发展、引领未来的方针，加快推进能源技术进步和创新，注重完善政策法规和技术标准，努力为能源可持续发展提供技术支撑。要通过原始创新、集成创新和引进消化再创新，努力开发一批具有国际国内先进水平、拥有自主知识产权的能源开发和节能科研成果与专利技术。同时，在统筹安排、整体推进的基础上，重点突破一批影响能源发展全局的关键技术，开创能源开发和合理利用的新途径，增强发展后劲。

企业是市场经济的主体，也是科技创新的主体。国家积极鼓励企业（包括能源企业和用能企业）建立健全一套有利于增强科技进步和创新的体制和机制，形成以企业为主体、市场为导向、产学研相结合的技术创新体系；加大对科技创新投入的力度，加快先进能源技术的研发和推广应用，落实科技成果产业化；采用自主研究开发与引进消化吸收相结合的方法，提高设备的国产化水平；遵循科技发展规律和特点，积极开发和推广节约、替代、循环利用和治理污染的先进适用技术，提高能源利用效率。

科技创新，人才为本。我国政府重视能源科技人才培养，要求树立人才是第一资源的观念和“不求所有，但求所用；不求所在，但求所为”的新理念。依托重大科研和建设项目、重点学科和科研基地以及国际学术交流和合作项目，加大学科带头人的培养力度，积极推进创新团队建设。加强科技创新与人才培养的有机结合，鼓励科研院所与高等院校合作培养研究型人才，鼓励企业聘用高层次科技人才和培养优秀科技人才。实行有吸引力的政策措施，吸引海外高层次优秀科技人才和团队来华工作。

5. 保护环境

发展和环境问题是当今世界面临的主要矛盾。在现代经济社会，人们更加重视生态环境保护和全球气候变化，要求能源、经济和环境全面协调发展。我国以煤为主的能源结构是造成不少地区环境污染严重的根本原因。我国能源的发展必须兼顾经济性和清洁性的双重要求，尽量减少能源特别是煤炭开发利用给环境带来的负面影响。节约能源和保护环境，已经列为我国的基本国策。我国正在实施的能源环保战略是：广义环保与广义节能相结合，高度重视并实现煤炭资源优质开发利用，促进能源、经济和环境协调发展。

广义环保与广义节能相结合，是实施基本国策的必然要求。

广义环保的主要特点是把预防与治理结合起来，把间接防治与直接防治结合起来，把技术防治与经济防治结合起来。广义节能是广义环保的核心，节能既是治理污染又是预防污染，节能不仅能减少能源利用环节的污染，还能减少能源生产环节的污染。

我国政府在推动经济快速发展的同时，高度重视环境保护和全球气候变化问题，每年在"两会"期间都要召开人口资源环境工作座谈会，听取环保工作汇报，并就进一步加强环保工作作出重要战略部署。同时，我国作为负责任的发展中国家，积极参与国际上的环境保护行动，签署了《联合国气候变化框架公约》，成立了国家气候变化对策协调机构，提交了《气候变化初始国家信息通报》，建立了《清洁发展机制项目管理办法》，制定了《中国应对气候变化国家方案》，并采取了一系列与保护环境和应对气候变化相关的政策和措施。我国能源环保的战略目标是：在保证现代化建设战略目标实现的前提下，不断降低单位生产总值和人均环境污染量，使人民生活和社会生产有一个良好的环境，环境质量达到工业发达国家中等水平。在"十一五"时期，要实现生态环境恶化趋势基本遏制，主要污染物排放总量减少10%，温室气体排放控制取得成效的阶段目标。

从国情出发，高度重视并实现煤炭资源优质开发利用是我国解决环境污染问题的关键。我国正在积极调整经济结构和能源结构，全面推进能源节约，重点预防和治理环境污染的突出问题，有效控制污染物排放，促进能源、经济与环境协调发展。能源特别是煤炭的清洁利用，已被列为中国环境保护的重点，加快采煤沉陷区的治理和煤层气的开发利用，建立并完善煤炭资源开发和生态环境恢复补偿机制；大力推进煤炭的有序开采，限制开采高硫高灰分煤炭，禁止开采含放射性和砷等有毒有害物质超过规定标准的煤炭；积极发展洁净煤技术，鼓励实施煤炭洗选、加工转化、洁净燃烧、烟气净化等技术；加快燃煤电厂脱硫设施建设和改造，新建燃煤电厂必须根据排放标准安装并使用脱硫装置，在大中城市及近郊严禁新建纯发电的燃煤电厂。

此外，加强对能源项目的环境管理，新建、扩建和改建能源工程项目建设与环境保护设施同时设计，同时施工，同时投入使用；加强核电项目的安全管理，强化对已运行核电站、研究堆、核燃料循环设施的安全和辐射环境的监督管理，积极做好在建核电设施安全评审和监督工作；加强水电建设中的生态环境保护，在满足江河流域综合开发利用的要求下，在保护中开发，在开发中保护，注重提高水资源的综合利用和生态环境效益。

6. 加强国际互利合作

在当前全球经济一体化的环境下，我国能源和经济发展要立足国内，同时要面向国际，适度利用国外能源资源和能源市场，在平等互惠、互利双赢的原则下加强同世界各国的合作，保障能源稳定、安全和可持续发展。

国家积极制定和完善对外开放的法规和政策，为企业开展国际能源合作提供法律和制度保障。近些年，我国先后颁布了《中外合资经营企业法》、《中外合作经营企业法》和《外资企业法》，努力营造公平、开放的外商投资环境。2002 年制定了《指导外商投资方向规定》，2004 年修订了《外商投资产业指导目录》和《中西部地区外商投资优势产业目录》，鼓励外商投资能源及相关的采掘、生产、供应及运输领域，鼓励投资设备制造产业，鼓励投资中西部地区能源产业。

我国积极参与国际能源合作的战略对话和具体事务，有力推进双边和多边能源合作的发展。在多边合作方面，我国是亚太经济合作组织能源工作组、东盟与中日韩（10＋3）能源合作、国际能源论坛、世界能源大会及亚太清洁发展和气候新伙伴计划的正式成员，是能源宪章的观察员，与国际能源机构、石油输出国组织等国际组织保持着密切联系。在双边合作方面，我国与美国、日本、欧盟、俄罗斯等许多能源消费国和生产国都建立了能源对话和合作机制，在能源开发、利用、技术、环保、可再生能源和新能源等领域加强对话和合作，在能源政策、信息数据等方面开展广泛的沟通和交流。

我国采取“引进来”和“走出去”的政策措施，加强同世界各国和国际组织的能源合作。在“引进来”方面，我国于2000年发布了《关于进一步鼓励外商投资勘查开采非油气矿产资源的若干意见》，进一步开放非油气资源的探矿权、采矿权市场；2001年公布了修订后的《对外合作开采海洋石油资源条例》和《对外合作开采陆上石油资源条例》，依法保护参与合作开采外商的合法权益。近几年除继续完善油气资源勘探开发的对外合作政策外，还制定相关政策措施，鼓励外商投资勘探开发非常规能源资源，鼓励外商投资和经营电站等能源设施，进一步优化外商投资环境，进一步拓宽利用外资领域，注重引进国外先进技术、管理经验和高素质人才。在“走出去”方面，我国积极扩大国际能源贸易，促进国际能源市场的优势互补，维护国际能源市场的稳定。按照世界贸易组织规则和加入世界贸易组织的承诺，开展能源进出口贸易，完善公平贸易政策。我国鼓励企业按照国际惯例和市场经济原则，参与国际能源合作，参与境外能源基础设施建设，稳步发展能源工程技术服务合作。

在国际能源合作中，我国既承担着广泛的国际义务，也发挥着积极的建设性作用。坚持在平等互利的基础上，以互谅互让的精神和坦诚务实的态度，与国际能源组织和世界各国加强能源合作，加强沟通与对话。坚持从各国人民的共同利益出发，扩大利益的共同点，在沟通中增进了解，在了解中加强合作，在合作中实现共赢。

第六章
我国能源安全战略管理

能源是人类社会生存和发展的重要物质基础，但能源对经济社会发展也有很强的约束作用，其承载能力制约着经济社会发展的速度、结构和方式。我国是一个有着 13 亿人口和 960 万平方公里国土的大国，自 1978 年改革开放以来的 30 年间，我国经济持续快速增长，特别是近五年来经济平均增速在两位数以上。能源生产和消费也快速增加，2007 年中国一次能源生产量为 23.7 亿吨标准煤，消费量为 26.5 亿吨标准煤，都居世界第二位。随着我国工业化、城镇化的加快发展，以及全球经济一体化的不断深入，我国的能源安全、环境保护和应对气候变化问题日益严峻和突出，这就对能源安全管理提出了新的更高的要求。

一　能源发展战略管理

1. 能源发展取得的成就

经过几十年的努力，我国已经初步形成了煤炭为主体、电力为中心、石油天然气和可再生能源全面发展的能源供应格局，基本建立了较为完善的能源供应体系，建成了一批千万吨级的特大型煤矿。2006 年一次能源生产总量 22.1 亿吨标准煤，居世界第二位。其中，原煤产量 23.7 亿吨，居世界第一位。先后建成了大庆、胜利、辽河、塔里木等若干个大型石油生产基地，2006 年原油产量 1.85 亿吨，实现稳步增长，居世界第五位。天然气产量迅速提高，从 1980 年的 143 亿立方米提高到 2006 年的 586 亿立方米。商品化可再生能源量在一次能源结构中的比例逐步提高。电力发展迅速，装机容量和发电量分别达到 6.22 亿千瓦和 2.87 万亿千瓦时，均居世界第二位。能源综合运输体系发展较快，运输能力显著增强，建设了西煤东运铁路专线及港口码头，形成了北油南运管网，建成了西气东输大干线，实现了西电东送和区域电网互联。

2. 能源供应体系面临重大挑战

我国能源工业的发展虽取得了很大成绩，但也要看到，随着经济社会快速发展，多年积累的矛盾和问题进一步凸显。随着我国经济的较快发展和工业化、城镇化进程的加快，能源需求不断增长，构建稳定、经济、清洁、安全的能源供应体系面临着重大挑战。突出表现在以下几方面：

(1) 资源约束突出，能源效率偏低

我国优质能源资源相对不足，制约了供应能力的提高；能源资源分布不均，增加了持续稳定供应的难度；经济增长方式粗放、能源结构不合理、能源技术装备水平低和管理水平相对落后，导致单位国内生产总值能耗和主要耗能产品能耗高于主要能源消费国家平均水平，进一步加剧了能源供需矛盾。单纯依靠增加能源供应，难以满足持续增长的消费需求。

(2) 能源消费以煤为主，环境压力加大

煤炭是我国的主要能源，以煤为主的能源结构在未来相当长时期内难以改变。相对落后的煤炭生产方式和消费方式，加大了环境保护的压力。煤炭消费是造成煤烟型大气污染的主要原因，也是温室气体排放的主要来源。随着我国机动车保有量的迅速增加，部分城市大气污染已经变成煤烟与机动车尾气混合型。这种状况持续下去，将会给生态环境带来更大的压力。

(3) 市场体系不完善，应急能力有待加强

我国能源市场体系有待完善，能源价格机制未能完全反映资源稀缺程度、供求关系和环境成本。能源资源勘探开发秩序有待进一步规范，能源监管体制尚待健全。煤矿生产安全欠账比较多，电网结构不够合理，石油储备能力不足，有效应对能源供应中断和重大突发事件的预警应急体系有待进一步完善和加强。

3. 能源发展的战略管理

面对我国能源产业发展取得的辉煌成就和面临的矛盾与问题，中央政府提出了“十一五”期间单位国内生产总值能源消耗降低20%左右的奋斗目标。“十一五”规划《纲要》进一步明确了我国能源发展的总体要求：坚持节约优先、立足国内、煤为基础、多元发展，优化生产和消费结构，构筑稳定、经济、清洁、安全的能源供应体系。当前和今后一个时期，中国能源发展要突出做好以下几方面工作：

(1) 节约优先，效率为本

中国高度重视能源节约问题，长期坚持开发与节约并举，把节约放在首位的方针。经过不懈的努力，在节能提效方面取得了明显成效。2005年单位GDP能耗比1990年下降了46%。“十一五”规划《纲要》提出了到2010年单位GDP能耗比2005年降低20%的目标。为实现这一目标，要采取以下措施：一是通过调整结构节能。节能不仅是微观层面的问题，更是宏观层面的问题，即要通过不断优化经济结构，建立节约型的国民经济体系。为此，要努力提高低耗能的第三产业和高技术产业在国民经济中的比重。大力发展现代物流业，有序发展金融服务业，积极发展信息服务业，规范发展商务服务业。促进高技术产业从加工装配为主向自主研发制造延伸。推进工业结构优化升级，调整原材料工业结构和布局，降低消耗，减少污染，提高产品档次、技术含量和产业集中度。加快制造业信息化，深度开发信息资源。二是通过技术进步节能。大力支持节能重点项目，优先扶持采用自主知识产权解决共性和关键技术的示范项目，促进节能技术产业化，加快应用高技术和先进适用技术改造提升传统产业。同时，要加快淘汰钢铁、有色金属、化工、建材、电力等高耗能行业的落后生产能力、工艺装备和产品。三是通过加强管理节能。建立节能目标责任和评价考核制度，把“十一五”规划确定的降低能耗的约束性指标分解落实到各省、自治区、直辖市，层层落实责任。加强重点耗能行业和企业的节能管理，抓紧实施十大重点节能工程，突出抓好1000家高耗能企业的节能工作。完善能效标识管理和节能产品认证制度。四是通过深化改革节能。加快资源性产品价格市场化改革进程，逐步形成有利于节约、能够反映稀缺程度的价格形成机制。加大财税政策对节能的支持。加快制定《节能产品目录》，对生产和使用目录中的产品，给予一定的税收优惠。实施节能产品政府强制性采购政策，特别是将企业研发的首台、首套节能产品优先纳入政府采购目录。五是通过强化法治节能。把实践中、改革中形成的节能措施和有益经验上升为法律，进一步完善节能法律法规体系和相关的标准体系。重点抓好《节约能源法》的修订工作，严格执行强制性建筑节能标准，制定和完善主要工业耗能设备、家用电器、照明器具、机动车等能效标准，组织修订和完善主要耗能行业的节能设计规范。六是通过全民参与节能。增强公众的能源忧患意识和节约意识，发挥政府机关的带头作用，进一步加大宣传力度，从我做起，从现在做起，从身边点滴事情做起，使“节约光荣、浪费可耻”的社会氛围更加浓厚。总之，解决我国能源问题的根本出路，在于节约能源。节约能源，从本质上讲，就是要加快转变经济增长方式和优化经济结构，形成健康文明、节约能源的消费模式，把我国建设成为节约型社会

(2) 立足国内，多元发展

多年来，我国的能源自给率一直保持在90%以上。作为以煤为主的国家，我国国内能源供应有巨大的潜力。煤炭资源丰富，四分之三的水电资源尚未开发，核电、风力发电、太阳能以及生物质能的应用刚刚起步，燃料乙醇、煤基醇醚燃料以及煤炭液化等替代能源发展前景广阔。我们将充分考虑自身资源特点以及维护国际能源市场稳定的责任，继续坚持把主要依靠国内解决能源供给问题，作为维护中国能源安全的基本方略，加快能源工业发展，增强国内能源供给能力。一是要有序发展煤炭。坚持煤为基础，高效清洁地开发利用煤炭资源。加快现代化大型煤炭基地建设，大力提升煤炭生产和设备制造技术水平，加快高产高效矿井建设，发展煤炭液化、气化，鼓励瓦斯抽采利用。二是积极发展电力。以大型高效环保机组为重

点优化发展火电，建设金沙江、雅砻江、澜沧江、黄河上游等水电基地和溪洛渡、向家坝等大型水电站，积极推进核电建设，加强电网建设。三是加快发展石油天然气。加大石油天然气资源勘探力度。实行油气并举，稳定增加原油产量，提高天然气产量，逐步完善全国油气管线网络。四是大力发展新能源和可再生能源。加快开发风能和生物质能，积极开发利用太阳能、地热能和海洋能。到 2020 年，使可再生能源在能源结构中的比重，从目前的 7%左右提高到 16%左右。

(3) 保障安全，保护环境

国家十分重视能源环境问题，将环境保护作为能源政策的重要组成部分。20 多年来，我国能源环境保护取得显著进展，在火电装机大幅增加的情况下，电厂烟尘排放总量仍维持在 1980 年的水平。我国今后的能源发展将兼顾经济性和清洁性的双重要求，尽量减少能源开发利用给环境带来的负面影响，努力实现能源与环境的协调发展。我们鼓励发展煤炭洗选、加工转化、先进燃烧、烟气净化等先进能源技术。新（扩）建燃煤电厂要同步建设脱硫设施，加快现有燃煤电厂的脱硫改造。在今后五年里，我国二氧化硫等主要污染物排放总量将下降 10%。要继续加大工作力度，打好煤矿瓦斯治理和整顿关闭两个攻坚战，多渠道增加煤矿安全投入，加强安全教育，强化监督管理，坚决遏制重特大事故频发的势头。兼顾经济性和清洁性的双重要求，规范开发秩序，大力发展循环经济，提高清洁能源比重，做好矿区生态保护工作，实现人与自然的和谐发展。

(4) 对外合作，互利共赢

我国政府已参与多个多边能源合作机制，是国际能源论坛

(IEF)、世界能源大会（WEC)、亚太经合组织（APEC)、东盟+3、亚太伙伴关系（APP）等机构的正式成员，是能源宪章的观察员，与国际能源署等国际能源组织也保持着密切联系。同时，我国与美国、日本、英国、印度、欧盟、欧佩克等建立了能源双边对话机制。今后，我们将继续坚持平等互利、合作共赢、以诚相待、加强沟通，从维护全球能源安全的大局出发，充分利用各方资源、经济、技术等方面的互补性，积极开展能源领域的国际合作。要统筹国内发展和对外开放，积极参与世界石油天然气等资源的开发与合作，提高把握国际市场变化的能力和规避市场风险的能力，建立多元、稳定、可靠的能源供给保障，在开放的格局中维护我国能源安全。在能源对外合作中，我们坚持优势互补、互利共赢的原则。我国过去不曾、现在没有、将来也不会对世界能源安全构成威胁。

(5）加快石油储备，搞好运行调节

这是维护我国能源安全的应急保证。近期，要重点做好第一、二期石油储备基地项目建设工作。高度重视煤电油运的供需衔接，强化引导，搞好协调，确保居民生活用电，确保农业生产用电，确保医院、学校、金融机构、交通枢纽、重点工程等重点单位的正常用电，确保高科技等优势企业的合理用电。进一步强化电力需求管理，调整完善峰谷电价、丰枯电价、季节电价办法，在有条件的地区研究制定可中断电价、高可靠性电价等新的电价制度，坚持对高耗能行业的差别电价政策不动摇。采取有力措施，着力确保电网安全，提高安全可靠供电的能力。

(6）深化体制改革，加强法制建设

这是维护我国能源安全的必由之路。按照“市场取向、政府调控，统筹兼顾、配套推进，总体设计、分步实施”的原则，加大能源价格改革力度。完善石油、天然气定价机制，积极推进电价改革，进一步健全市场化的煤炭价格形成机制。积极稳妥地推进电力体制改革，深化油气行业改革，健全能源监管体系。加快《能源法》的研究起草，做好《煤炭法》、《电力法》、《节能法》等法律法规的修订工作。

二　能源产业战略管理

能源产业战略管理，是指从能源产业系统的角度出发，围绕一定时期内国家能源政策目标的实现，制定和实施的一系列能源产业资源的保护利用、开发、结构调整和可持续发展等战略措施，及能源产业发展的指导方针、目标、任务以及实施手段等系列战略规划。在现代社会，能源产业战略管理是一项涉及国家经济、政治、外交、国防、安全等诸多领域的系统工程。

1. 世界发达国家能源产业战略管理的历程与实践

由于地缘政治、宏观经济、环境发展、地质状况和科技进步等因素的影响，常常导致世界能源主要生产国和消费国能源产业战略不断变化和调整。与此相对应，主要能源生产国和消费国的能源产业战略管理也经历了几个不同的发展阶段。

（1）能源结构主体由煤炭转向石油

煤炭作为最早被工业化国家开采的化石能源，在推动近代西方国家的工业化国家进程和社会经济发展中起着十分重要的作用。因此，在很长一段时期内，西方国家把能源产业战略的重点放在发展煤炭方面。直至第二次世界大战爆发，石油在能源结构中的优点充分发挥出来后，这种局面才有了较大程度的改变。

19 世纪 50 年代末期，美国开始了石油的工业化开采和炼化，开始只是为了从石油中提取煤油供照明之用。后来，随着汽油和柴油的大规模应用，石油能源的动力性能和便捷性优势体现了出来。于是，石油开始成为重要的能源类型，进入能源需求的结构中。但是，在石油被工业化开采的近百年历程中，由于石油的地质勘探、开采技术十分落后，石油的产地主要集中在美国、苏联的巴库和东南亚的爪洼地区，并且开采权主要集中在美国、英国等国的石油公司手中。因此，在此期间多数国家和地区的能源需求结构仍然以煤炭为主。

内燃机技术的进步以及内燃机技术被优先运用于军事目的，推动了军事战略、战争进程的变革，石油随之成为国家安全和军事战略资源。第二次世界大战以后，随着中东、南美等新的石油地质资源被勘探出来并进行工业化国家开采，石油成为国际能源贸易的重要资源，推动了国际能源贸易量的增长。于是，有的国家通过勘探和开采本国的石油资源获得石油，有的国家通过从国际能源贸易市场购买石油，调整国家的能源消费结构。半个世纪以来，世界上大多数国家都已完成了由煤炭时代向石油时代的转变，现在正在向石油、天然气时代过渡。煤炭 1950 年在世界一次能源结构中占 75.7％，1970 年下降到 30.5％，1996 年为 26.9％；而 1996 年世界能源结构中，石油占 39.5％，天然气占 23.5％，两者共占 63％。至 20 世纪 70 年代前后，发达国家的能源消费结构中，石油已经取代煤炭成为能源消费的主体，多数发达国家和地区能源消费结构中石油所占的比重超过了50%，有的国家石油占能源消费的比重甚至超过了80%。这一时期，在政策导向上，多数国家采取了能源产业战略管理重点支持石油产业发展的政策目标。

（2）需求结构由单纯依赖石油转向日趋多元化

在经历了1973年尤其是1978年的石油危机后，发达国家发现，能源需求过分依赖中东石油的能源战略面临很大危机。尤其是石油危机引起能源价格水平上涨，由此导致的恶性通货膨胀不但对经济社会运行带来了不良影响，而且引发整个西方世界经济的滞胀。为了摆脱石油危机，发达国家开始寻求节能和能源需求结构的多元化道路。与此相对应，在能源产业管理战略体制上，发达国家一方面寻求加强能源资源的控制；一方面在能源产业的开采、炼化加工、运输和消费环节加快市场经济改革步伐，利用市场和企业行为达到能源需求节约的目的。

在政策导向上，发达国家普遍采取放松能源开采、炼化、运输和消费环节的控制程度和方式，积极发挥市场的定价功能。在具体的政策手段上，首先，美、英等国取消了石油价格管制，主张由市场机制来调节能源供求关系，开放石油期货市场，利用价格预期和金融工具调控石油价格，推动石油价格低位运行。同时，英、法等国对能源企业进行私有化改革，提高能源产业相关企业资源配置能力，促进能源产业相关企业控制产出成本和生产效率。第二，积极寻求石油的替代品，研究开发核能和其他新能源，按效益原则适度发展其国内煤炭工业，减少能源需求中对石油的过度依赖。第三，加强欧、美大陆架和非洲油气资源勘探步伐，减少对中东地区的过分依赖，建立能源供应缓冲机制。例如，美、英等国加紧了大陆架、非洲的石油和天然气勘探，发现了新的石油地质储藏，工业化开采后迅速供给了国际能源市场。第四，制定鼓励能源节约的政策措施，提高能源利用效率，促进可再生能源发展。例如，日本、西欧开发使用节能型机械工具和节能型汽车等。通过这些举措，一方面缓解了能源供给和需求均衡的压力，另一方面实现了以石油为主体的能源价格从高位下行。于是，在其后的20年内，以石油为主体的能源价格进入了低价格时期，其中有的时段原油现货低于每桶10美元，若考虑通货膨胀和汇率因素，只相当于最高价格的约十分之一。

(3) 战略重点从产业开发转向保障能源安全和发展洁净能源

冷战结束以来，世界各国特别是发达国家对环保要求日益严格，由此导致其能源产业战略重点发生了转移，保证能源供应安全、促进能源供应渠道多元化成为新的重点。20世纪90年代初，伊拉克发动了入侵科威特的战争，中东局势变幻无常。同时发达国家以石油为主体的能源资源储藏量越来越少，对进口石油的依存程度却不断提高，能源供应安全问题突出。以美国和经合组织为例，美国是石油进口大国，石油需求对外依存度超过50%；经合组织欧洲成员国对进口石油的依存度更高，如德、法等国石油需求对外依存度超过80%。并且，欧洲石油消费国对中东石油存在很高的依赖。因此，中东地缘政治的不稳定将会给美国和欧洲以石油为主体的能源需求，带来能源供给的不稳定性。因此，除美国外，欧洲各国在该时期开始考虑能源国家安全问题。于是，控制能源消费量增长速度，提高环境保护标准和能源利用效率，成了欧洲各国能源产业战略管理的重要目标。

同时，欧洲以德、法为主体的能源消费国，在地缘政治上努力加强同俄罗斯的伙伴关系，尽可能从俄罗斯获得更多的石油资源，减少对中东石油的依赖，实现能源供应来源的多元化。同时，鼓励洁净能源的勘探、开发和应用，在能源消费结构中提高天然气消费的比例，鼓励节能和发展可再生能源，推动能源消费结构变革，降低能源消费中对石油依赖的程度。

随着越来越多的国家关注国家能源（石油）安全和战略问题，各国纷纷制定各自的能源（石油）安全战略，以及加强战略石油储备。石油地质资源储量相对较少的国家和地区已经尽量减少本土石油开采量，在延长本土石油地质资源储藏开采年限的同时，采取尽可能从石油市场进口石油的战略。这一能源产业战略管理策略的实施，一方面，抑制了现有的以石油为主体的能源生产能力的发挥，减少了以石油为主体的能源市场的供给量；另一方面，这种政策措施又扩大了以石油为主体的能源市场能源需求量。相关国家和地区这些以石油为主体的能源产业战略的实施，扩大了以石油为主体的能源市场能源供给和需求的矛盾，促进了当前国际石油市场高油价局面的形成。

对于石油地质资源丰富的国家和地区而言，为了利用大自然馈赠的石油地质资源更多地配置其他国家的社会经济财富，促使它们维持较高的石油市场油价，在一定限度内采取限制石油产量的战略。虽然欧佩克采取这种战略已经有一定的历史，但是随着重要的产油国英国和加拿大等国石油地质资源的日益枯竭（以 2001 年的石油开采量 21500 万吨计算，其石油地质资源的经济储量只能开采到 2007 年前后），而后美国的石油地质经济资源储量也面临枯竭，这种影响会进一步加剧。

在今后的若干年内，随着发展中国家工业化程度的提高，以石油为主体的能源市场需求量仍然会保持一定幅度的增长。

在以石油为主体的能源地质资源储量较少的国家和地区，以石油为主体的能源地质资源储量丰富的国家和地区各自执行自己的能源产业战略管理目标选择时，这些战略目标选择会发展成为影响以石油为主体的能源市场形成机制，并演化成为影响世界乃至别国的社会经济发展、社会结构变革以及国际政治发展导向的重要因素。

2. 我国能源产业战略管理的历程与实践

我国以煤炭、石油、天然气为主体的能源产业开发较晚。煤炭的工业化开采始于清朝末年，石油的工业化开采在20世纪30年代后才展开。与工业化国家相比，我国煤炭工业比英国晚约200年，与西欧、俄罗斯、美国相比，也晚约100年。与美国、俄罗斯等国家相比，我国的石油工业晚约70～80年。但是，由于我国煤炭和石油地质特点以及国内战争频仍的原因，新中国成立之前，我国的煤炭产量一直十分有限，石油、天然气的生产也是如此。1949年新中国成立之初，煤炭产量只有1000多万吨，石油产量只有8万吨左右。

即便如此，我国的能源产业发展仍与当时的国家产业战略发展密切相关。如清朝末年，洋务维新就从国家安全和战略的高度，试图推动煤炭产业的发展。国民政府成立后，国民政府实业部也将煤炭和石油勘探、开采，纳入政府的工作计划，成立中国煤油探矿公司，试图推动煤炭和石油工业的发展。但是，由于我国的煤炭、石油等能源的地质结构比较复杂，勘探技术落后，加之长时期的国内政治局势动荡、战争连绵不断及外敌入侵，我国的能源生产和能源产业发展始终处于低级阶段。

1949 年新中国成立之际，就在国家的行政序列中设立了中央燃料工业部，主管能源产业发展和战略规划，体现了政府对能源产业管理的重视。此后 60 年内，能源产业的发展和管理一直在国家的行政序列中。但是，新中国成立后的 60 年内，能源产业主管部门在国家的行政序列中也历经变革。1955 年，燃料工业部分拆为石油工业部、煤炭工业部和水电部。1970 年，煤炭工业部、石油工业部、化学工业部合并为燃料化学工业部。1975 年，燃料化学工业部再次分拆为煤炭工业部和石油化学工业部。1983 年 2 月，国务院决定成立中国石油化工总公司，并对全国重要炼油、石油化工和化纤企业实行集中领导、统筹规划、统一管理。1988 年，七届全国人大一次会议决定撤销煤炭部、石油部、水利电力部，成立能源部；同年，国务院决定设立中国石油天然气总公司，并将中国海洋石油总公司分立为独立的国有大型企业。1993 年，八届全国人大一次会议决定撤销能源部，重组煤炭部、电力部。1998 年，九届全国人大一次会议决定撤销煤炭部、电力部，组建国家煤炭工业局和国家电力公司；同年，中国石油天然气总公司分拆为中国石油天然气集团公司和中国石油化工集团。

在我国能源产业的政府主管部门历经变革的过程中，能源生产和消费环节的运行机制，经历了由计划经济体制、计划经济与市场调节相结合的体制和向市场经济体制转轨三个不同的时期，从而形成了对应的能源产业战略管理不同的实现形式。

新中国成立后，通过公私合营等形式将能源产业部门收归国有后，能源产业部门实行计划经济体制，能源的生产和消费实行严格的计划管理。一方面，进行广泛的地质普查，寻找矿源，提高能源生产能力；另一方面，将有限的能源优先配置到国民经济的重工业部门，构造国民经济的基础体系。20世纪80年代初期后，在能源生产和消费环节出现了计划经济与市场调节相结合的体制，经济手段开始应用于我国的能源产业战略管理。20世纪90年代后，社会主义市场经济逐步完善，能源产业战略管理逐步形成以经济手段为主体的管理形式。

回顾我国能源产业战略管理发展的历程，可以发现，虽然能源生产和消费的管理形式经历了计划经济、计划经济与市场调节相结合以及市场经济等经济体制变革的阶段，但是国家在战略上对于能源资源的控制权始终没有变化，也就是说国家在能源产业管理战略上始终掌握着能源资源的控制权。

3. 加强能源产业战略管理的主要政策措施

面对日益增长的能源需求和国际石油价格高涨的外部环境，如果仍沿袭粗放发展的老路子，以牺牲资源和环境为代价，通过增加煤炭产量保证能源供给，将受到资源、环境和运输等多方面的制约，难以为继。要优化能源结构，根本的出路在于落实科学发展观，在进一步实施节能优先战略的基础上，实行能源多元化、清洁化发展，大力改善和调整能源结构，有效保障能源供给。

(1) 加快发展核电

核电是清洁高效的能源，污染少，温室气体接近零排放，是有效优化能源结构的优先选择。目前，我国已投产核电装机容量约900万千瓦，占电力总装机的1.3%，比例很低。近几年，我国加快了核电发展步伐，组建了国家核电技术公司，推动了第三代核电技术装备引进和国产化工作，启动了大型先进压水碓及高温气能碓、核电站等重大项目。新开工的辽宁“红延河”、福建宁德等核电项目，发展态势很好。目前，世界各国核电站总发电量占电力总装机的比例平均为16%，法国、日本、美国等国的比例更高，参照借鉴国际上的成功经验，我国核电发展潜力很大，且具备良好的发展条件和环境。首先，社会各方面认识已趋统一，均认识到发展核电是我国能源有序、健康发展的当务之急和战略选择。其次，已在实践中培养锻炼出了一大批业务素质和管理水平高，能适应核电建设和运营的队伍。同时，核电技术水平和装备制造能力也有了很大的提高和突破，初步具备了自主创新和自我发展的能力。因此，当前我国推动核电大发展，恰逢其时，可谓天时地利人和。我们计划调整核电中长期发展，加强沿海核电发展，科学规划内陆地区核电建设，力争2020年核电占电力总装机比例达到5%以上，从中长期看，逐步建立和完善现代核工业体系、核燃料循环体系和安全体系，通过引进吸收与自主创新相结合，形成具有自主知识产权的核电技术体系，为核电大发展打下坚实基础。同时，积极参与国际上联合研发第四代核电技术和热核技术，为未来做准备。

(2) 大力发展风电和再生能源

我国出台了可再生能源法，颁布了可再生能源发展规划，为可再生能源发展创造了良好的政策环境。通过开展大型风电项目特许权招标，出台风电优惠价格政策等措施，我国的风电事业快速发展，方兴未艾。2007年，风电装机累计已达到605万千瓦，在建420万千瓦，目前风电规模居世界第五位。下一步，加快百万千瓦风电厂的建设，带动风电设备研发制造产业的发展，尽快形成每年1000万千瓦的自主装备能力。同时，科学规划，精心组织，重点建设甘肃河西走廊、苏北沿海和内蒙古三个1000万千瓦级的大风场，打造“风电三峡工程”。按此发展速度，2008年风力发电装机可以达到1000万千瓦，2010年有望达到2000万千瓦，中国将成为世界最大的风力发电国家。目前世界上最大的风力发电装机是德国，达到2000万千瓦左右。按照我们现在的发展速度，到2013年以前完成2000万千瓦是完全可以做到的。同时，统筹规划，做好资源调查，通过关键技术，积极推动生物质能、太阳能等其他可再生能源的产业化发展。尤其要加快农村地区可再生能源发展，因地制宜、因需制宜，统筹城乡能源发展，充分拓展思路、挖掘潜力，争取到2020年我国除水电以外的可再生能源所占比例，从目前的不足1%提高到6%左右。

(3) 积极开发水电

中国水电资源在世界上蕴藏最丰富，可开发的资源量约为5.4亿千瓦。2006年底装机容量已经达到1.3亿千瓦，开发的利用程度仅仅只有24%，远远低于美国、日本等发达国家的水平。美国开发程度是82%，日本开发程度是84%，而我国现在只有24%，发展潜力巨大。在科学论证、系统规划、妥善处理好生态环境保护和移民安置的前提下，我国正加快水电开发建设，力争2020年水电装机规模达到3亿千瓦左右。同时，进一步实施西电东送等重点工程，在更大范围内实现电力资源的优化配置，促进水电的科学经济利用。发展水电的关键是处理好生态环境保护，充分考虑移民群众的合理安置。

(4) 加强新能源和替代能源的研发应用

有限的化石能源不可能取之不尽、用之不竭，科技上的重大突破和创新，是能源可持续发展的动力和源泉。因此，要从根本上解决能源供应问题，特别是化石能源的替代问题，必须大力推进能源科技进步和自主创新。一方面，依托能源重点工程建设，突破深海油气资源开发，先进核电站节能环保等关键技术；另一方面，积极跟踪和参与氢能及燃料电池，天然气、水合物、碳捕获与储存、核聚变、海洋能利用等前沿技术开发基础研究和科研攻关，争取尽早取得实质性突破，以实现对煤炭等化石能源的有效替代。

（5）促进煤炭清洁高效利用

我国的资源禀赋和发展状况，在较长时间内难以改变格局。因此，我国应通过有关法律法规和标准体系，加快推广应用先进清洁发展技术，优化发展煤化工等深加工企业，促进煤炭清洁生产和清洁循环利用，提高煤炭产业附加值和使用效率，有效保护生态环境。同时，要大力整顿煤炭秩序，鼓励兼并重组，形成若干大型煤炭生产集团，加大煤矿瓦斯治理和瓦斯使用的力度。

（6）加快能源领域的市场化改革

改革的总体目标为：在确保国家能源总体战略得以顺利实施的前提下，让市场竞争机制充分发挥其优化配置资源的基础性作用，提高我国能源部门的国际竞争力，不断满足全社会日益增长的能源需求，应对未来各种能源领域里的挑战，为相关产业和用户提供低价、优质、稳定、充足、清洁的能源产品。

改革的主要内容包括：一是改革政府的能源管理体制。由于当前存在着政府管理职能过度分散，缺少代表国家意志、统一的能源部门，以及政策随意性大等突出问题，要组建统一的政府能源管理部门，以体现国家整体利益，统筹能源各产业的发展和利益协调，综合规划国家能源战略和制定能源政策。按照“政监分离”的原则，组建职能相对集中的能源监管机构，由其对存在垄断特征（如电力、天然气）和安全问题较突出（如煤炭）的部门实行独立监管，并做到依法监管、依规监管。二是改革行政审批制度，切实转变政府职能。要改革现行的行政审批制度，放松经济性管制，加强社会性管制，使政府的管制职能转变到维护国家能源安全、维护公众利益和维护环境保护等职能上来，将现行的投资管理制度改革为经济性备案、社会性管制，并提高政策和决策过程的透明度。鼓励非公有制经济进入能源领域，可在适当的时机对一些能源资源引入公开拍卖或招标制度。三是改革现行不适应的能源价格形成机制和价格管制方式。对一个能源的生产和消费由其国内组织并实现平衡的国家来说（实行计划经济体制的国家，通过能源产业补贴或资源、生产、消费控制，也可归于这种类型），通过立法对能源资源、能源生产、能源加工、能源运输和消费各环节进行控制，能源产业的价格形成机制可以实现一定程度的政府管理，政府可以根据能源产业的生产成本和供需平衡制定能源生产、消费各环节的价格，形成国家控制的能源定价机制。但是，一个国家和地区的能源需求一旦形成了对国外能源资源的依赖，并且能源消费量增长达到一定的规模，能源产业的价格形成机制就超出了政府完全控制的能力。根据国际能源市场价格波动，适时、适度调整能源价格，成了政府必须承担的工作。

(7) 大力加强国际能源合作

能源安全是全球性问题，每个国家都有合理利用能源资源促进自身发展的权利，绝大多数国家都不可能离开国际合作而获得能源安全保障。要实现世界经济平稳有序发展，需要国际社会推进经济全球化向着均衡、普惠、共赢的方向发展，需要国际社会树立互利合作、多元发展、协同保障的新能源安全观。实现世界能源安全，必须加强能源出口国与能源消费国之间、能源消费国与能源消费国之间的对话和合作。国际社会应该加强能源政策磋商和协调，完善国际能源市场监测和应急机制，促进石油天然气资源开发以增加供应，实现能源供应全球化和多元化，保证稳定和可持续的国际能源供应，维护合理的国际能源价格，确保各国的能源需求得到满足。

三　我国能源安全战略保障

我国能源生产仅次于美国和俄罗斯，居世界第三位。能源消费占世界总消费量的12.1%，居美国之后，为世界第二。但是，我国又是一个能源资源相对匮乏的国家，人口占世界总人口的20%，已探明煤炭储量占世界的11.6%，原油占2.1%，天然气占1%，人均煤炭资源为世界平均值的55.5%，人均石油资源为世界平均值的17.1%，人均天然气资源为世界平均值的13.2%，人均能源资源占有量不到世界平均水平的一半。因此，保障我国能源安全是保障国民经济和社会可持续发展的必要前提，更是实现到2020年国民生产总值（GDP）翻两番目标的关键要素。

1. 石油安全形势严峻

在煤、油、气等主要能源资源中，石油是我国能源安全的核心。这是因为：一是石油资源稀缺。煤炭储量相对丰富（2003年底，全球储采比为192，我国为69），天然气市场更具区域性特征，且供大于求，石油则不仅是一种战略资源，且储量有限（2003年底，全球储采比为41，我国只有19.1）。二是石油分布不均。石油资源主要集中于中东，占已探明储量的63.3%，北美、西欧、亚太等消费国仅占9%。三是石油争夺激烈。《资源战争：全球冲突的新场景》一书的作者克莱尔认为，没有哪一种资源能比石油更有可能在21世纪挑起国家之间的冲突。世界上石油资源集中的地区往往是冲突爆发频繁的地区。美国1990年和2003年两度出兵伊拉克，特殊“关照”沙特，突然关注被全球化边缘化了的中亚和非洲，并非因为美国对穆斯林世界具有特殊爱心，也不是美国想拯救非洲，其醉翁之意不在酒，关键是那里有美国所需要的石油资源。四是不可替代性。石油资源不仅在当前，而且在今后相当长时期内是军需、民用和航空航天等高技术行业难以替代的主要燃料来源，是影响国计民生和国家安全的重要战略资源。此外，1993年我国由石油出口国变成净进口国，2003年我国超过日本成为世界第二大石油消费国。这比IEA预测的时间足足提前了12年（IEA在《2003年世界能源展望》报告中预测，我国将于2015年超过日本，成为世界第二大石油消费国）。我国石油安全面临的主要风险是：

(1) 需求增长迅猛，生产潜力有限

据国际能源机构统计，1986—1990年，我国石油消费需求年均增长3.7%。1990—2000年，我国石油消费需求年均增长率提高到7.6%，比世界平均增长率高出6.2个百分点（世界为1.4%）。2003年，我国的石油消费需求增长11.5%，由2002年的2.469亿吨/年增加到2.752亿吨/年，超过日本的2.487亿吨/年，居美国之后（美国为9.143亿吨/年），成为世界第二大石油消费国。国际能源机构预测，2008 年我国石油消费需求将增加到 620 万桶/日，增幅将达到 12.7%。

未来 20 年，中国经济将翻两番，工业化、城市化和全面建设小康社会，将使我国的石油消费需求持续增长。BP 集团公司预测，2001—2015 年，我国石油供应将年均下跌 0.5%，需求将年均增长 4.5%。中国地质科学院估算，未来 20 年我国石油需求将年均增长 7.7%，与 20 世纪 90 年代的增速基本持平。

(2) 供应缺口扩大，进口依存度飙升

根据我国经济翻两番计算，2020 年所需原油将达 9.2 亿吨（根据 IEA 统计，2000 年我国石油需求为 2.3 亿吨）。期间即使能源效率提高 50%，还需要消费石油 4.6 亿吨。然而，我国的石油生产能力估计在 2 亿吨左右。也就是说，要实现国民经济翻两番的目标，我国的石油缺口每年在 2 亿～3 亿吨之间。中国地质科学院报告预测，未来 20 年我国石油需求总缺口将超过 60 亿吨。

中国地质科学院报告估算，到 2020 年我国将进口石油 5 亿吨左右，进口依存度将达到 70%左右。

(3) 进口地域集中，运输安全系数低

我国石油进口严重依赖中东地区，且国家过于集中。我国的石油进口国主要集中于沙特、伊朗、安哥拉、阿曼、也门和苏丹等国家。这六个国家占我国进口石油总量的 66.3%。

此外，我国石油进口的特点是以海运为主，且主要走马六甲海峡（约占海运石油的 80%以上）。目前我国自有油轮承运比例低，进口石油的 90%靠外国海运公司承担。也就是说，我国进口石油的运输权掌握在外国海运公司手中，海上通道安全受到海盗活动、恐怖袭击的威胁，同时海上通道安全也掌握在美国海军手里。加之台海问题与南海问题等，海上运输安全问题对我国石油进口和石油安全的威胁增大。

2. “走出去”战略面临重重围堵

伊拉克战争后，国际石油市场争夺加剧，焦点集中于中东、西非、里海和俄罗斯远东地区，我国“走出去”战略面临巨大的国际竞争压力。

（1）面临美国的多方钳制

阿富汗战争和伊拉克战争后，美国从政治和军事上控制着除俄罗斯以外的世界主要石油资源。这意味着中国“走出去”战略将直接受到美国的围堵。问题在于，与我国合作密切的国家往往是与美国政治上敌对或有距离的国家，如伊朗、利比亚、苏丹等。美国担心我国与之进行“武器换石油”交易，打乱其打击“无赖国家”战略。近年来，我国石油需求增长迅速，引起美国舆论强烈关注。中国“能源威胁论”在美国颇有市场，我国被视为国际石油市场的“不稳定因素”。美国智库兰德公司、国际战略研究中心等均认为，“中国全球找石油”将对国际能源市场构成巨大的压力和威胁。美国世界观察研究所所长布朗提出，“世界无力满足中国庞大的能源需求”。最近，美中经济和安全评估委员会在其报告中以大量篇幅谈论中国能源问题，认为“中国与一系列被关注的国家如伊朗、苏丹等进行能源合作，将增加能源安全的风险”，“中国对能源需求的增加，尤其是对进口石油的依赖，对美国构成经济、环境和地缘政治的挑战”。

(2) 面临跨国石油公司的挤压

资料显示，世界前20家跨国石油公司掌握着全球81%的已探明优质石油资源的开采权。我国目前所能得到的油田主要是：已经开采，但被放弃；高风险或战乱区；新开发区，如中亚、俄罗斯等。然而，即使在上述地区，我国也面临西方跨国石油公司的刁难，如壳牌公司力阻中石化和中海油进入北里海地区。

3. 体制、机制、市场等关系尚未理顺

作为一个发展中的转型经济体，我国在能源领域尚存在诸多体制、机制弊端，且改革滞后，市场化程度低。

(1) 无权威性能源管理机构

IEA认为，没有一个统领能源事务的机构，中国即使出台宏观能源政策，也无专门机构贯彻实施，更无法实现长远的政策目标。事实上，我国现阶段石油安全面临的主要风险不是外部威胁，而是领导缺位，管理混乱。我国现有石油管理权分散在数个部委，十余家司局级单位。在发改委内就有七个司局级单位分别分管石油投资、运输、价格、炼油、进出口、成品油和勘探开发，其中石油勘探开发又分散在两个部委的三个司局级单位分管，而成品油则分散在三个部委分别分管成品油进出口、市场流通和储备问题。在地域上，我国石油产业被分割成西北与东南、陆上与海洋。

(2) 能源市场严重缺位

应该说，当前我国石油安全面临的最大风险是市场缺陷，而非供应中断问题。不解决我国石油产业市场化与地域垄断化、经营国际化与进口垄断化、消费市场化与供应垄断化（铁

路、交通、民航、农业和林业等均有各自独立的销售系统）问题，我国就很难彻底消除市场主体缺乏、供求关系扭曲、效率低下等现象。此外，迄今我国尚未启动期货市场，主要在国际市场上进行现货交易，且长约油只占 50%，份额油更少，商业石油储备仅 20 余天，战略石油储备刚刚启动。市场缺陷、恐慌心理、投机因素等导致我国在国际市场上屡屡出现“买涨不买跌”的怪象，问题十分严重，值得我国相关决策机构深思，并从国家利益出发，全面考虑能源市场的改革与竞争机制的引进。三大石油公司已在海外上市，油价上涨使其利润上升，但问题是，相当部分被外国股东拿走。

四　关于我国能源安全战略保障的思考

随着中国的和平崛起和经济的快速发展，能源安全问题渐渐成为一个热门话题。从长远和全球观点来看，所谓“能源问题”，确切地说就是“石油问题”。石油是创造社会财富的关键因素，也是影响全球政治格局、经济秩序和军事活动的最重要的一种商品。几乎所有国家都把石油安全置于能源战略的核心位置。石油短缺将是我国未来一段历史时期能源安全的主要矛盾。

所谓石油安全就是保障数量和价格上能满足经济社会持续发展需要的石油供应。石油安全出现问题，如石油供应暂时突然中断或短缺、价格暴涨，将对一个国家的经济产生损害，其损害程度主要取决于经济对石油的依赖程度、油价波动的幅度以及应变能力。当前，我国能源安全面临的挑战主要是：国内能源勘探开发不足，能源种类不均衡，利用率低；供需矛盾日益突出，能源对外依存度不断提高；能源储备严重不足，抵御风险能力低等。鉴此，中国的能源安全战略保障应从以下四个方面着手。

1. 强化国内油气资源的勘探开发，确保基本供应

世界各国石油安全供应可分为四类：一是资源安全类，本土产量大于消费量。又分两个亚类：自主安全型（如俄罗斯）和受控安全型（如伊拉克本身是石油资源大国，但毫无安全可言）。二是资本安全类。如日、韩、法、德等发达国家，这些国家靠资本运营，全球并购石油企业，换得股份油的安全。三是实力安全类。如美国本身是第三大石油产油国，但又是世界第一石油消费国和缺口国，美国一方面保护自身资源不开发，另一方面又用大量他国原油供自己使用，还每年获得大量的石油利润。四是依赖受控型，即无石油资源的发展中国家的安全受控于资本大国和资源大国。由以上可以清楚看到，有石油资源的国家并不保证安全，无资源的消费国家反而不一定危险，"资源多少"并不是石油安全的充分条件。根据世界 115 个国家统计，我国虽是世界第二大消费国，但由于是世界第五大原油生产国，所以，真正缺口只是世界第七位，属于绿色基本安全类。因此，我国石油安全虽然存在一些隐患，但绝不是"内忧外患，危在旦夕"，对此，我们要有清醒的认识。

(1) 立足国内油气资源是能源安全的根本保障

我国拥有丰富的陆上及海域油气资源，总量位居世界第 11 位，占世界总量的 2.3%。据 1994 年第二次全国油气资源评价，我国石油资源量约 940 亿吨，最终可采储量约 140 亿

吨。截至1999年底，已探明石油可采储量59.3亿吨，剩余石油可采储量24.6亿吨，还有待探明可采储量80亿吨以上，特别是我国西部地区、海域和南方，勘探程度较低，资源潜力较大。西部地区石油资源量达29.54长吨，截至1999年底，已在8个盆地内累计探明石油地质储量3.29长吨，但仍有25.0长吨以上石油资源有待探明；海域石油资源为24.5长吨左右，截至1999年底，累计探明石油地质储量为1220吨。但随着我国勘探技术的进步，我国油气资源量势必会进一步增加。因此，我国应该积极采取措施，加大对国内油气资源的勘探及开发力度，重点勘探开发西部油气资源及渤海、南海和东海海域油气资源。对于国内海陆油气资源的勘探开发，既要加大资金及政策投入力度，积极鼓励本国石油公司加大对国内油气资源的勘探开发工作；还要积极完善海陆油气资源对外合作条例，进一步扩大对外合作勘探开发国内油气资源的领域和范围；可采取减免税等措施，进一步鼓励外国石油公司参与我国油气资源的勘探开发工作；对于一些勘探开发难度系数较大的，可以引进风险资本。大力勘探开发国内油气资源，在一定程度上可以缩小石油供需缺口，减轻石油供给面临的压力，进而增大石油安全系数。

随着我国国民经济的快速发展，石油进口量的迅猛增加，石油接替资源量和后备可采储量将日趋紧张。目前陆上石油平均探明程度仅为28%，天然气平均探明程度只有6%，远低于世界平均探明率，中西部地区探明率甚至更低。与许多国家相比，中国近海油气资源勘探还处于开发初期。大庆、胜利、辽河这三个中国最大的油田，以及大港、中原、江汉等油田，经过多年的开采，要么进入开发的中后期，要么已经接近枯竭，虽然采用了新技术，但要保持长期稳定高产已十分困难。石油净增量越来越少。

因此，我国必须切实加强油气资源的勘探工作。现在我们对地底下有多少石油储量，并不是非常清楚，还需要进一步论证。必须不断进行理论创新，大胆实践，开展新区、新领域、新层系的油气资源战略调查；要为企业选择勘探靶区提供重要信息；对战略调查发现的油气产地用招投标方式有偿出让给石油企业，所得再转入风险勘探基金，专款专用，滚动发展；国家要扶持石油企业勘探，明确规定石油企业自身每年用于勘探的投资比例，确保勘探投入逐年有较大幅度的提高；真正加大勘探力度，提高探明率，探明石油储量，发现和寻找新的油气田。同时，必须加大对外开放的力度，尤其要鼓励和吸引外商投资勘探开发西部和海上地质条件复杂、地表条件恶劣的油气资源远景区。要本着“双赢互利，优势互补”的原则，推出一批有吸引力的区块，加快勘探速度，提高油气开发水平，为增储上产奠定坚实的资源基础。

(2) 确保海洋权益，加大海洋油气资源开发力度

海洋已成为世界主要国家保障能源安全的重要渠道。1985年，美国的海洋产值就已达 3400 亿美元，而英国通过开采北海海底石油天然气已由一个石油进口国一跃而为世界重要石油输出国。挪威因开发了北海油田成为人均收入超过 25000 美元的富国，印尼和文莱因发展海洋石油迅速崛起，成为世界级富翁。我们在南沙海域有 82 万平方公里的海洋国土和海洋资源，油气资源极其丰富。据估计，南海是世界四大海底储油区之一，油气地质储量约为 350 亿吨。

据我国地质调查局介绍，通过新一轮海洋地质调查并结合我国以往油气资源勘探成果，我国管辖海域又圈定 38 个沉积盆地，经综合评价计算，共有油气资源量 351 亿～404 亿吨石油当量，其中近海海域 11 个沉积盆地油气资源量可达 213 亿～245 亿吨石油当量。

调查首次在我国南海北部陆坡区发现了被誉为“21 世纪新型高效新能源”的天然气水合物的一系列重要地球物理标志，获得了其存在的重要证据，表明在该海域极有可能存在储量巨大的天然气水合物资源。据估算，仅西沙海槽区其远景资源量就达 45.5 亿吨石油当量。这一发现不仅使我国跻身于该领域的世界先进行列，而且对我国未来的能源建设和经济的可持续发展也将产生重要影响。

如何尽快地将海洋资源优势转变为经济优势，已是摆在全国人民面前的一项十分迫切的任务。首先，我们必须保护好自己的海洋国土和海洋资源，在国家西部大开发巨轮扬帆起航时，不要忘记南沙还拥有 82 万平方公里的丰富的海洋资源。其次，必须调整海洋石油开发布局，使之更具合理性和科学性。目前中国三大石油公司集团是各自独立的经济实体，各有自己的势力范围，在竞争中内耗很大，不利于一致对外。目前应该给国内其他石油公司以优惠条件，调动各方面的积极性，引导国内各类石油开发公司到我国南部海域去勘探和开发丰富的石油资源，以此打破周边国家使南海问题国际化的图谋，使我们自己的海洋石油资源得到充分有效的利用。

(3) 加强能源产业综合管理

保障石油安全战略有效实施的重要条件是建立完备的石油工业管理体制。经过 100 多年的发展，欧美等石油生产国和消费国普遍通过立法和行政手段，健全管理主体，规范市场运作，实施宏观调控，已形成了普遍认同的石油管理体制，即在立法的基础上，政府制定政策，监管机构统一监管，企业商业化运作。亚太地区和一些处于经济体制转型过程中的国家，如澳大利亚、哈萨克斯坦、俄罗斯、罗马尼亚、巴西、阿根廷、南非等，也在借鉴欧美国家的通行做法，对本国的石油工业管理体制进行改革。

十几年来，我国石油工业的改革不断深化，特别是石油企业的改革取得了显著进展。但是，面对我国日益突出的石油安全问题，扩大对外开放和“走出去”发展的迫切需要，石油市场的变化和波动，国内石油企业重组改制等新情况，政府管理体制改革则相对滞后。主要表现为：缺乏统一健全的管理和监督主体，监管职能过于分散。由此导致对石油工业发展中的一些重大问题缺乏统筹考虑、统一规划，石油法规体系不健全，政策不配套；市场体系尚不完善，缺乏有效的竞争；调控机制不够灵敏，对市场运作和企业行为缺乏规范、有效的监督。这既不适应社会主义市场经济发展的要求，也不利于国家石油安全战略的规划与实施。

为此，应将管理能源的主要职能合并到国家综合管理部门，或适时成立能源部，统筹包括石油在内的整个能源工业。同时，在国家能源综合管理部门内，设立相对独立的石油（天然气）监管机构，以保证国家法律、法规和政策的贯彻实施。国家能源综合管理部门侧重制定政策、规划，负责综合平衡。监管机构在政策法规框架下，对油气资源、市场准入、价格调控、服务标准、信息数据，以及质量、安全、环保等实行统一监管，把执法监督的职能落到实处。

当前最急迫的是尽快完善支持能源产业发展的有关政策法

规。我国应尽快修订出台对外合作开采我国陆上和海上石油资源条例、石油天然气管道保护条例及实施细则；抓紧制定关于我国企业从事境外石油勘探开发、国家石油储备、原油成品油生产流通管理等行政法规；对石油开发、储运、加工、储备、流通贸易、对外合作、境外投资，以及管理主体、机构职能等方面作出规范，为尽早出台《石油法》奠定基础；修订产业政策和指导外商投资产业目录；调整和简化石油税制，将油气田企业现行的生产型增值税改为消费型增值税，合并资源税和资源补偿费；制定鼓励石油风险勘探和提高油气采收率的政策。

2. 优化能源消费结构，减少对石油的依赖

从宏观上看，中国能源并非短缺。我国的能源资源总量位于世界前列，但种类不均衡。我国一次能源预测总量有 4 万亿吨标准煤，但其中 90%是煤炭资源，石油、天然气等资源不足 10%。且能源利用率低，开发难度大，能源发展后劲严重不足。我国能源消费中煤炭比例过高、油气比例过低的能源消费构成，是造成我国大气环境严重污染的根本原因。在可燃矿物能源中，污染型能源煤炭占 98%以上，而清洁型能源石油和天然气所占比不到 2%。能源消费总量中，煤炭占 76.1%，石油及天然气分别只占 17.1%和 2.1%，而美国的这一比例分别为 23.5%、42.5%和 23.3%，日本为 18.6%、57.3%和 10.0%，英国为 32.8%、34.2%和 29.9%，法国为 8.8%、42.5%和 12.2%，世界平均水平为 30%、38.0%和 20.0%。另外，在我国能源结构中核能只占 1%的比例，而法国、日本都超过了 30%。水力、太阳能、风能、地热利用和发电技术的日趋成熟、实用和商业化，将大大减轻我国石油供给面临的压力。此外，还可以开发替代能源以缓解石油需求压力。

(1) 厉行节约，提高能源利用效率

我国节能潜力巨大，原因是：第一，我国产品能耗高。中国主要用能产品的单位产品能耗比发达国家高25%～90%，加权平均高40%左右。例如，1997年，我国每千美元国民生产总值的石油消耗为0.26吨，大体相当于日本的3.3倍，美国的2倍，印度的1.2倍。我国火电厂供电煤耗为每千瓦时404克标准煤，比国际先进水平317克标准煤高出27.4%。我国每吨钢可比能耗平均为966公斤标准煤，比国际先进水平656公斤标准煤高出47.3%。我国每吨水泥熟料燃料消耗为170公斤标准煤，比国际先进水平107.5公斤标准煤高出58.1%。我国国内企业主要耗能产品的单耗，落后的与先进的也要相差1～4倍。

第二，我国产值能耗高。中国的产值能耗是世界上最高的国家之一。我国每公斤标准煤能源产生的国内生产总值仅为0.36美元，而日本为5.58美元，法国为3.24美元，韩国为1.56美元，印度为0.72美元，世界平均值为1.86美元。经测算，通过产业结构调整、产品结构调整、降低高能耗行业的比重、增加高附加值产品的比重以及居民生活用能优质化等措施，近期国民经济产值能耗节能潜力达3亿吨标准煤左右。

第三，能源节约是我国实现跨世纪经济社会发展目标的必由之路。经过科学的预算分析，我国每万元国内生产总值能耗将由1995年的2.33吨标准煤降低到2010年的1.25吨标准煤、2030年的0.54吨标准煤和2050年的0.25吨标准煤。由于节约使用能源可以大幅度降低能源消耗，所以大力节能、提高能源利用的经济效益，是我国解决能源安全问题的突破口。

节约能源被我国专家视为在我国与煤炭、石油、天然气和电力同等重要的“第五能源”，可以大大节省能源开发的投资。在未来的中国，以煤为主的能源结构基本格局不可能从根本上得到改变。能源利用效率提高、能源消耗量减少的直接效果就是煤炭运输量的减少和污染物排放量的降低。因此，节能是今后相当长的一段时期内我国各行各业都必须重视的工作，是我国经济持续、快速、健康、协调发展的重要保证。

必须实行“开发与节约并重，把节约放在首位”的方针，把节约能源作为国家能源安全战略的重要组成部分，加快建立节约型的能源消费模式，走出一条能源消耗较低、发展速度较快的新路子。

为此，一要贯彻《节能法》，综合运用投资、财税、价格等经济杠杆，鼓励节油，杜绝和抑制无效、低效的石油消费。二要改善产业结构和产品结构，压缩高耗油产业，淘汰高耗能设备，开发节油型产品，推广应用新工艺、新技术。三要以立法为基础，修订和健全技术标准体系，完善节能、环保等测评指标，建立全国性宏观节油监控网络，定期发布监控信息，对相关设备和产品进行定期的国家抽检。同时，还要切实加强行政监督和相关执法队伍建设。

(2) 大力发展天然气产业

天然气是优质清洁能源。开发利用天然气对改善我国能源结构，具有重要意义。目前，天然气在世界一次能源消费结构中的比例已达到 23.8%。据专家预测，2010 年后天然气有可能超过煤炭和石油，成为世界最主要的能源。

鉴于我国拥有丰富的天然气资源，我国政府应该加快制定优惠政策（如贷款、税收等）和法律法规，支持天然气工业的发展，力争用十年时间，把我国天然气消耗量在世界天然气总消耗量中的比例由目前的3%提高到10%，把天然气占一次能源消费构成的2.71%也提高到10%，以减轻我国石油供给面临的压力。

我国发展天然气工业已经具备了资源基础和市场条件。根据资源评价，我国天然气资源量为38万亿立方米，预测可采资源量为10.5万亿立方米，现已探明2万亿立方米，储采比为47。预计我国2010年天然气需求量为1000亿立方米，2020年为2000亿立方米。为实现我国经济、社会和环境的协调发展，必须把加快发展天然气提上议事日程，实现天然气工业20～30年的快速发展。初步规划2020国内天然气产量达到1100亿立方米，引进国外天然气800亿～1000亿立方米，将天然气在我国能源消费中的比例提高到10%左右。

发展天然气，一要制定整体规划，按照市场经济规律建立和完善价格、投资、税收等政策法规体系，加大政策支持力度。二要加快基础设施建设，尽快形成东西、南北基干管线和支线管网，促进中西部地区资源开发和东部地区能源结构的优化。三要把消费市场开发放在关键地位，加快形成以北京、天津、上海、广州、成都、重庆、西安、武汉及主要沿海城市为中心的区域消费市场。四要积极稳妥地利用国外天然气，适时建设中俄天然气管道，形成跨国资源供应通道，弥补国内资源不足。在加快发展天然气工业的同时，要重视煤层气的开发利用，促进煤制气和煤炭洁净及煤制油技术的开发和规模化生产，重视替代能源和可再生能源的开发利用。

(3) 积极开发新能源和替代技术

新能源是相对于现有以化石能源为主体的常规能源而言

的，一般是指通过新技术和新材料开发利用的能源。新能源常常又是可再生能源，主要包括太阳能、风能、地热、生物质能、海洋能和氢能等。新能源的特点是清洁、可再生。近年来，出于对化石能源枯竭的防范、解决本国化石能源资源不足问题以及环境保护的考虑，许多国家开始重视发展新能源和可再生能源。我国虽然化石能源资源较为丰富，但人均能源极低，而且化石能源的使用给环境和交通运输带来极大的破坏和压力，因此发展新能源的需求日益增长。

经过近 20 年的研究、开发和试验，我国在新能源和可再生能源的开发利用方面已取得了显著进展，技术水平有了很大提高，产业已初具规模。到 1990 年底，中国共有 24 个风力发电场，并网风力发电总装机容量超过 26 万千瓦；太阳热水器已形成 400 万平方米的年生产能力，累计拥有量超过 1500 万平方米，占世界第一位；太阳光伏电池的生产能力为 4.5 兆瓦，光伏发电系统累计装机容量超过 13 兆瓦；全国建成和营运的工业废水和禽畜粪便沼气工程分别有 200 个和 540 个，年产气量分别达到 3.2 亿立方米和 0.6 亿立方米；户用沼气池约有 600 多万个，年产气量约 16 亿立方米；已建成的 160 多个村级秸秆气化集中供气示范工程，年供气约 0.7 亿立方米；小水电累计装机容量已达 2200 万千瓦；低温地热供热系统供暖面积超过 800 万平方米，高温地热发电装机容量达 25 兆瓦；其他新能源如潮汐能、波浪能、氢能等方面的研究和开发也取得了进展。

积极发展可再生能源，使其初步形成一定规模，可为今后更大规模地替代化石燃料奠定基础。到 2020 年，我国可再生能源利用量达到 5.25 亿吨标准煤，比 2000 年的 2.56 亿吨标准煤增加1倍左右，并且使可再生能源先进利用（诸如风能、太阳能等发电）占可再生能源利用量的比例，由2000年的15%提高到2020年的73.5%。到2020年，可再生能源发电装机达到1亿千瓦，其中小水电为7000万千瓦，风力发电装机2000万千瓦，生物质能发电1000万千瓦。从资源量看，我国新能源和可再生能源资源可获得量是每年73亿吨标准煤，但现在的开发量不足4000万吨标准煤，尚有足够的资源可供使用。在“九五”期间，中国先进可再生能源开发利用增长速度已达年均11.2%，如果将其加快到年均增长15%，就可实现2020年的发展目标。积极发展可再生能源，除了初步替代化石燃料的长期目标外，近期可着眼于解决全面建设小康社会过程中边远地区和农村地区的用能问题。近期可重点开发的新能源主要是风力发电、生物能源和核能。

煤多油少是我国能源结构的基本特点。确立我国的能源安全战略，必须从这一基本条件出发。目前，在我国的一次能源结构中，煤炭占67%。解决石油储量不足和燃料油供给问题，要立足于从煤炭液化技术找出路。煤炭液化技术分直接液化和间接液化两种。间接液化是一种非常成熟的技术，在南非SASOL公司已稳定运行了50年。该公司有三个生产厂年产汽油、柴油460万吨，化工产品310万吨，每桶油的成本约为15美元。当国际油价低于每桶17美元时，国家财政适当给予补助，一般情况下均可盈利，效益很好。使用煤液化燃料，比普通汽油更有利于环境保护。这项技术应当在我国加快推广应用，迅速建立起庞大的煤制油产业。煤炭直接液化技术在德国、日本和美国也都取得突破。我国从20世纪70年代末开始进行煤炭直接液化技术研究，并同国外有关研究机构开展了合作。目前，年产500万吨成品油、总投资250亿元的直接液化项目已在神华集团神东矿区开工建设。但总的来看，发展煤制油产业，在我国虽酝酿已久，但进展缓慢。

3. 开展国际合作，积极利用国外石油资源

当前，我国能源领域的供需矛盾日益突出。根据相关研究报告，除了煤之外，今后20年，中国实现现代化所需的石油、天然气资源累计消费总量至少是目前的2～5倍，但国内所能提供的能源供给量却难以与之匹配。仅以石油为例，我国的石油消费量已从1990年的1.15亿吨增加到2002年的2.393亿吨，年均增长6.7%。2003年，中国已成为继美国之后的世界第二大石油消费国，而中国的原油产量却仅从1990年的1.38亿吨增加到2002年的1.675亿吨，年均增长1.62%。为弥补缺口，我国在1993年就已经成为石油净进口国，石油进口量从1993年的988万吨增加到2002年的7000多万吨，年均增长近25%，对外依存度也从6.4%上升到30%，而我国的石油产量却只能保持缓慢增长。我国石油领域的供求矛盾将进一步加剧，对外依存度将进一步提高，石油供应风险也将随之增大。因此，我国能源安全面临的主要挑战是三个“能不能”问题：能不能买得到？能不能买得起？能不能运得回？鉴此，我国宜从以下四个方面着手，加大能源领域的国际合作步伐。

（1）建立多元化的石油供给体系

目前，中国石油进口的50%～60%来自中东地区，依赖程度过大。该地区武装冲突连绵不断，给我国石油供应造成潜在的威胁。而且进口中东石油必须经由马六甲海峡，一旦出现意外，这条石油生命线很可能被切断。为此，我国应该仿效美国和日本，对自己国家的进口采取分散化方式，以避免对某一地区进口的过分依赖，从而带来石油危机。所以，我国应在稳定中东石油来源的前提下，不把鸡蛋放在一个篮子里，要寻找和形成多元的石油供应市场。一般来说，我国的战略伙伴有：

第一是俄罗斯。俄罗斯是世界上主要油气生产和出口国之一，在油气资源上与中国具有互补性。中国需要增加油气来源多元化以缓解自身能源问题，俄罗斯有开发西伯利亚和远东油气资源的迫切要求，这种互补性带动双方合作中的互利。从经济意义上说，俄罗斯离我们近，其油气对我国市场而言，是成本最低廉的优质资源，预计到北京的天然气价格不到 1 元/立方米，低于国内生产的天然气和石油产品的价格，也低于进口液化天然气和进口石油产品的价格。

目前，来自俄罗斯的进口石油约占我国全部进口石油的10%左右。据海关统计，2004 年上半年，我国原油进口达到6102 万吨，进口金额 151.69 亿美元，分别增长 39.3% 和57.4%。而 2003 年全年，中国的原油进口量为 9112 万吨，因此，2004 年中国原油进口将达创纪录的 1.1 亿吨，比上年增长21%。据此，俄油进口渐增，势在必行。

第二是非洲。非洲石油储量巨大，被称为“第二个海湾地区”。这块黑色大陆以其滚滚而出的乌金吸引着越来越多的关注。到 2002 年底，非洲已探明石油储量为 774 亿桶，占已探明世界总储量的 7.39%，采储比为 27.4。近十年来，非洲已探明储量增长了 36.5%，远高于 4%的世界平均增幅。非洲陆上石油主要分布在北非三大盆地和几内亚湾的盆地群。海上石油集中于几内亚湾一带，该地区占世界海上石油总储量的14%。近年来，非洲石油产销量不断增加，已成为继中东和拉美之后的第三大产油区。据预测，今后五年，全球石油开采量增幅的 1/4 属于非洲，尼日利亚的石油日产量将超过 300 万桶；而安哥拉将达到 200 万桶；乍得将在三年内实现日产 22.5 万桶，赤道几内亚为 35 万桶。专家预测，到 2010 年，非洲国家石油产量在世界石油总产量中的比例有望上升到 20%。除储量丰富外，油田所处地理位置优越，因而开采前景广阔。非洲石油多为优质原油，含硫量低，易于提炼加工，很适合生产汽车燃油。例如，尼日利亚有 65%的原油易于提取汽油和柴油。我国应该十分关注非洲老朋友的发展，增强中非的友谊。

第三是东南亚。从长远看，东南亚油气资源的重要性在日益增加，可以成为我国稳定的石油供应渠道之一。加强与东南亚产油国的合作，将有利于促进中国与东盟的合作。在东南亚国家中，油气资源储量最为丰富的是印度尼西亚，其次为马来西亚。印度尼西亚、马来西亚和我国三国的石油探明储量占整个亚太地区的 75%左右。2000 年，印尼日石油消费量为 106 万桶，生产 143 万桶，出口 40 万桶。马来西亚日石油消费量为 44.5 万桶，生产 80.5 万桶，出口 36 万桶。我们应继续与东南亚各国保持良好的关系，进一步发展贸易往来，加强友谊和合作。

(2) 采取措施确保石油运输安全

对我国而言，马六甲海峡是我国海上石油生命线。我国的大部分石油进口来自中东、非洲、东南亚地区，进口原油运输 80%左右要通过马六甲海峡。据测算，每天通过马六甲海峡的船只近六成是我国船只。马六甲海峡已经与我国经济安全息息相关，这个由新加坡、马来西亚和印度尼西亚三国共管的海峡，直接扼住东亚国家的能源咽喉。马六甲海峡连接亚、非、欧三大洲，是扼守中国海上石油生命线的战略要道，谁控制了马六甲海峡，谁就能随时威胁中国的石油安全。

马六甲海峡是运输安全的命脉所在。第一，目前马六甲海峡处在马来西亚、新加坡的控制范围之内，印度海军力量也频频造访该海峡；第二，目前中国的海军实力无法有效控制马六甲海峡；第三，马六甲海峡已成为美国全球战略必须控制的16条咽喉水道之一，美国正通过建立军事联盟，举行海上军事演习等手段加大对海峡的控制力度。

美国海军控制着整个太平洋和印度洋，包括南中国海和马六甲海峡。冷战后，美国在新加坡建立和巩固了军事基地，还通过其他方式（如联合反对恐怖主义）加强了与东南亚国家的军事联系。美国军方正在制定名为《区域海事安全计划》的反恐新方案，根据这项方案，美国将向马六甲海峡派驻海军陆战队和特种部队，以“防止恐怖分子袭击”。消息传出，世界舆论一片哗然，也再次刺痛中国石油安全的神经。

实现运输多样化及加快石油管网构架建设是我国分散海上石油运输风险的基本出路。目前，我国的石油进口主要通过海运，如要改善进口状况必须首先改善我国的石油运输情况。我国的石油运输状况非常落后，花在这一部分的费用非常庞大，所以制定石油运输战略，迫在眉睫。比如进口方面，海运成本为管运成本的6%～7%，所以它仍是进口的主要方式，因此建立大型专业的运输船队成为必要。同时为了实现进口原油多样化，除了争取修建俄罗斯安加尔斯克到中国大庆的原油管道，还将建设从哈萨克斯坦到中国的管道。国内方面，在原有的原油管网基础上，正在加快建设新的原油管道运输网，以提高原油运输效率及安全性。

(3) 积极实施“走出去”战略

实施“走出去”战略是构筑中国石油安全战略的一个重要方面。据中国石油勘探开发研究院的专家介绍，目前我国油田中经济效益比较好的大庆油田，原油成本已达17～19美元/桶，而非洲和中东石油的勘探开发成本为3.73美元/桶，加拿大为7.17美元/桶，欧洲为8.29美元/桶，美国为13.3美元/桶。因此，中国的石油企业应充分利用海外油气资源勘探开发成本低廉的优点，走向国际市场。

大力实施“走出去”战略是现实的选择和必然的趋势。从全球来看，世界油气资源丰富，潜力巨大。全球常规石油资源的探明程度为60%左右，还有大量的石油资源有待发现。从世界石油工业的历史看，世界石油工业从一开始就是世界性的产业，哪里有石油，我们就可以去哪里参与国际石油合作，开展国际化经营。

改革开放以来，我国的综合国力不断加强，国际地位不断提高。许多发展中资源国与我国有着广泛的共同利益和友好关系，迫切希望新的资本进入，这是我们实施国际化经营的重要领域。我国在国际交往中的良好国际形象，为我们的国际化经营创造了十分有利的国际政治环境，这是我们实施国际化经营的有利条件。在开拓海外新的石油合作领域中，党和国家领导人始终给予极大的关注，在国际交往中经常把能源问题列入高层互访的议事日程。我们可以利用政治和外交优势，抓住有利时机，积极开展与资源国的石油合作，努力使其上升为国家间合作，不断加快海外石油事业的发展步伐。例如，中石油在苏丹的投资带来了丰厚的回报。截至2003年底，中石油累计在苏丹石油领域投资27.3亿美元，每年为我国带来上百万吨的权益油，成为我国稳定的石油供应渠道之一。与此同时，还使苏丹很快就从石油进口国变为出口国，建立了上下游一体化、技术先进、规模配套的石油工业体系，带动了相关产业的发展，为当地创造了大量的就业机会。

我国的石油企业已初步具备了“走出去”的条件和比较优势。一是我国的石油公司拥有成本相对较低的高素质技术支持队伍，特别是老油田的地质研究和油藏工程研究可充分依托国内的研究力量。利用这一优势，既可做大中型项目，也可做小项目；既可做新区勘探，新油气田开发，也可做老油田的滚动勘探开发和提高采收率项目，从而拓宽项目选择的机会，降低项目的运营成本。二是我国石油公司经历半个多世纪独立自主的勘探开发，丰富的石油地质条件和众多盆地类型的勘探开发，使我们形成了一种有效的勘探开发理论与方法，有能力在各种地质条件和地表作业条件下进行跨国勘探开发。三是我国石油公司拥有自己成套的技术服务装备和技术服务队伍，协同效应高，运营成本低，可以提供从地质勘探、石油开发、管道建设、炼厂设计施工等一系列综合服务。坚持发挥这一协同效应优势，可以在短时间内集中调配力量，缩短工期，加快海外项目的建设速度，使项目在短时间内获得现金流。

鉴此，我国石油企业应积极实施“走出去”战略，扩大国际合作，有效利用国际资源。

第一，坚持整体发展战略，依靠综合实力赢得竞争优势。各石油企业应充分发挥作为综合性石油公司的协同优势，协调好国内业务与国外业务同步推进的关系、海外油气勘探开发与工程技术服务业务的关系，不断提高公司国际化经营能力、整体国际竞争力和抗御风险能力。

第二，实施资本运营战略，实现跨越式超常规发展。世界石油领域中的资本经营，是指通过对其他石油公司的储量、资产、股权、资本等进行运筹和谋划，实施公司并购，以实现最大限度的资本增值目标。因此，我们要加快实施资本经营，并探索产业资本与金融资本融合发展的新模式，有效地借助资本市场，增强海外资本扩张力和控制力。要充分发挥现有资本市场渠道功用，借助现代融资手段和信用手段，扩大直接融资比重，优化资本结构，加速资本流动，降低资金成本，提高运营效率；利用某些上市公司的“壳”资源，采取购并、控股等方式，以少量资本控制大量资本，实现规模有效扩张、业务优化整合、产业有序接替、市场迅速拓展，全面增强抗风险能力。

第三，实施技术创新战略，大力提高核心竞争力。技术进步是企业发展的动力。我国石油企业可在现有基础上，进一步整合科研技术资源，建设集团公司级海外油公司科技创新体系，从而为集团公司国际化经营提供强有力的决策支持和技术支持。

第四，实施市场营销战略，进一步拓宽发展空间。建立健全适应国际化经营的管理机制。在国家政治、经济、外交政策的指引下，以市场需求为导向，建立灵活的市场开发机制，巩固与扩大现有市场份额，提高国际市场占有率，进一步拓宽发展空间，保证国际化经营发展战略的顺利实施。

第五，实施人才开发战略，实现企业可持续发展。各石油企业要结合海外业务的总体发展战略，认真做好人力资源规划工作，建设一支高素质、高效率的人力资源管理队伍，同时研究人力资源开发的具体措施，并拓宽人力资源开发渠道，重点在选拔、培养、使用和储备人才上下工夫，为企业可持续发展提供保障。

第六，实施比较优势战略，不断提高竞争实力。各石油企业应继续注重发挥自身的比较优势，继续用我们成本相对较低的高素质技术和管理人才，组织科技人员进行科技攻关，避免项目技术决策失误和管理失误。继续发挥作为大型综合一体化集团公司的整体优势，在海外项目工程招标中，优先引进国内的施工队伍，为优质、高效、低成本地完成大型项目的建设任务提供有力保证。继续培育和发展具有高度事业心、无私奉献、艰苦创业的优秀海外队伍，打造一支能征善战、攻坚啃硬的海外业务铁军。

第七，实施企业战略联盟战略，扩大海外发展空间。企业战略联盟作为一种现代组织形式，已被众多企业家视为实施全球战略最迅速、最经济的方法，成为现代企业提高国际竞争力的有效形式，被称为“20 世纪末最重要的组织创新”。在石油界，国际大石油公司凭借规模实力、战略联盟和各种非股权安排，不断增强对全球有潜力前景资源的控制力和影响力。①

4. 加快建立和完善石油战略储备体系

石油储备是稳定供求关系、平抑市场价格、应对突发事件、保障经济安全的有效手段。日、美等许多石油消费国在经历了石油危机的沉重打击后，都把建立石油战略储备作为保障石油供应安全的首要战略。美国战略石油储备的目标是 5.8 亿桶，可供 300 天使用；日本拥有可供 160 多天使用的石油储

---

① 参见《专家谈中油集团走出去战略与保障国家石油安全》，《中国石油网》2004 年 8 月 23 日。

备。显然，战略石油储备已超出一般商业周转库存的意义。它不仅具有保障供应、减少风险、稳定价格的作用，更着眼于石油的政治后果，力图使本国在国际政治的风云变幻和激烈竞争中站稳脚跟，取得主动，避免受制于人。巴西、南非、印度等发展中国家也都建立了各自的石油储备。石油储备一般定为90天的进口量。

(1) 及早建立我国石油储备体系

目前，我国尚未建立石油储备体系，现有原油、成品油储罐多属生产和流通的配套设施，难以发挥储备功能，一旦遇到突发事件，处境将十分被动。国内外研究机构普遍认为，未来20年国际油价将呈上涨趋势。因此，及早建立我国石油储备体系，可以减少经济代价，有利于我国在国际政治、经济活动中处于主动地位。

第一，我国经济的快速成长将使绝大部分资源性物资不能自给。假定我国未来15年的经济增长维持在7%以上，则原油需求将以4%左右的速度增加，但同期国内原油产量增长速度难以超过2%。世界石油大会预期我国在2005年、2010年、2015年将分别进口0.7亿、1亿和1.3亿吨原油，而自给率则将逐步滑落到70.8%、64.3%和59.4%，我国石油的生命线将逐步脆弱。

第二，各种方案均显示我国能源供求远景预测不乐观。依据能源所“西部可持续能源发展战略”的研究估算，2010年和2020年我国原油需求分别为2.96亿吨和3.90亿吨；科技部“中国后续能源发展战略研究”对我国2010年和2020年的石油需求预测则为2.80亿吨和3.60亿吨。此外，中石油预测2010年、2015年和2020年我国原油需求分别为3.10亿吨、

3.50亿吨和4.0亿吨；中石化同步进行的预测结果则分别为3.20亿吨、3.80亿吨和4.30亿吨。综观国际能源组织和国内十几个中长期战略规划，我国原油年产量到2020年至多能达到2.0亿吨的规模。保守而言，在2010年和2020年，我国需要进口原油大致为1.5亿吨和2.0亿吨。因此，如果缺乏国家战略储备体系，我国将难以保证石油的不间断供应能力。

第三，目前存在的平准库存并不能代替战略储备的作用。石油战略储备不是以平抑油价波动为主要目的，而是在战争或自然灾难时以保障国家石油的不间断供给为目的。以平抑油价波动为目的的石油储备不是战略储备，而是平准库存。以高抛低吸为总体思路的平准库存实践迄今没有成功的先例。例如，国际货币基金组织在1969年9月建立针对橡胶、糖、锡等的缓冲库存贷款机制；70年代澳大利亚曾建立羊毛平准库存；1976年联合国贸发会议试图建立实物商品平准库存；70年代英格兰银行试图建立外汇平准基金平抑英镑的波动，以上尝试全部失败。我国石油战略储备不是平准库存，其终极目的是为保障原油的不间断供给，而不单纯是为平抑价格波动。

第四，我国在能源的中长期需求方面，在国际能源市场上的采购方面，信息披露不足，其对能源需求预期的不稳定使得我国能源需求与国际能源供给之间的波动互为因果。我国只有不到10年的石油进口历史，目前年进口量不足1亿吨，远不及美国，但石油进口波动却难以预期。例如2000年，我国石油进口需求突然增加3500万吨，绝对数并不大，但它占据了当年国际市场原油供应增加量的一半。因此，中国石油政策的不透明导致市场对中国的需求很难形成稳定的预期。

(2) 建立和完善符合中国国情的石油战略储备

第一，制定《石油储备法》，落实石油战略储备的管理架构。立法先行是国际石油战略储备建设的成功经验，我国石油储备建设，务必走“要储备，先立法”的道路。在石油储备建设前，必须首先确定其法律地位，并通过法律法规明确我国石油储备建设的目标、管理、资金、方式等问题，使石油储备建设的全过程有法可依、有法可循，有法律保障。目前美国实行能源部、石油储备办公室、储备基地三级管理的模式。日本实行通产省资源能源厅、国家石油储备管理中心、国家储备公司（或民间储备）、储备基地四级管理。我国可考虑石油储备管理中心、与三大集团合作的储备公司、储备基地三级管理，储备公司统筹调度分布在三大公司的储备基地，而中石油、中石化、中化三大集团以各自的油库、油库维护设备、相关配套设施、管理人员等作为建立战略储备制度的实物出资形成储备基地。

第二，建立符合中国国情的储备筹资模式。日本自 20 世纪 60 年代便开始建立石油储备，其资金是由政府通过征收石油税作保证；目前此项税款每年约为 4800 亿日元。美国建立石油战略储备的资金由全额财政拨付，1995 年起开始商业化运作，储备设施向国内企业出租，还向国外用户提供储存服务，目前已经有了小额收入。韩国则采用与采油国共同储备制度，同时协议出租储油设备，较好地解决了储备资金不足的问题，如此可以使韩国国内的储油设备尽可能得到利用，并优先获得石油供应。就世界各国建立石油储备的筹资经验来看，我国特别应该避免在石油储备筹资方面政府的大包大揽，而应尽量引入市场化因素，鼓励私人部门的积极参与。

第三，寻求油种储备的合理平衡问题。储藏成品油不如储藏原油，储藏原油不如储藏产能和油气资源。鉴于塔里木油气储量分布零乱，目前年油气生产折合当量不过在1000万吨左右，且运距漫长。可考虑封存部分形成的产能和探明储量，保持较为合理的储采比率。此外，应在中央统筹的背景下鼓励中国石油企业到海外收购油气资源，目前中石油已初步形成海外的中东及北非地区、中亚及俄罗斯地区和南美地区三大战略区。中石化在沙特签署了较为重要的开发协议，而中海油在澳大利亚和印尼也付出了努力，如何加强上述集团的海外竞争和合作十分重要。

第四，根据国际经验和国情，建立我国石油储备体系。应实行国家储备与企业储备相结合，以国家储备为主的石油储备体系。国家储备由中央政府直接掌握，主要功能是防止和减少因石油供应中断、油价大幅异常波动等事件造成的影响，保证石油稳定供应。国家石油储备的目标可以定为：2010年保有45天净进口量，即相当于1500万吨原油的储备量；2020年保有60天净进口量，即相当于3500万吨的原油储备量。建立国家石油储备，要坚持统一规划，合理布局，规范管理，循序渐进，充分利用现有设施进行改建、扩建。储备的石油可在国家调控下，按一定比例进行商业运作，通过低收高出的办法筹集运行和维护资金。起步阶段宜加大商业运行比例，以减轻国家负担。储备设施的建设资金应以国家投资为主，广开融资渠道，利用政策性贷款、发行债券等多种方式予以解决。建议抓紧研究制定石油储备的规划和实施方案，并列入国家计划。企业储备是在与其生产规模相匹配、正常周转库存的基础上，按有关法规承担社会义务和责任必须保有的储存量，主要功能是稳定市场供应，应对市场波动。要通过制定相关法规，国家给予财税等政策支持，加快建立企业储备。

第五，确定合理的储备量。据目前我国原油进口的依赖程度，专家们预算，采取 90 天进口原油的储备量比较理想。如果达到 90 天的净进口量，储备总量在 3500 万吨左右。据此，可考虑采取 2∶1 比例，国家承担 60 天的储备，民间承担 30 天的储备。要完成这样一个安全储备量，大约需要 15 个 500 万吨的石油安全战略储备库。[①]

① 钟伟、蔡原江：《中国如何构建石油战略储备体系》，《南方周末》2004 年 4 月 29 日。

附　录

中华人民共和国可再生能源法

（2005 年 2 月 28 日　第十届全国人民代表大会
常务委员会第十四次会议通过）

第一章　总　则

第一条　为了促进可再生能源的开发利用，增加能源供应，改善能源结构，保障能源安全，保护环境，实现经济社会的可持续发展，制定本法。

第二条　本法所称可再生能源，是指风能、太阳能、水能、生物质能、地热能、海洋能等非化石能源。

水力发电对本法的适用，由国务院能源主管部门规定，报国务院批准。

通过低效率炉灶直接燃烧方式利用秸秆、薪柴、粪便等，不适用本法。

第三条　本法适用于中华人民共和国领域和管辖的其他海域。

第四条　国家将可再生能源的开发利用列为能源发展的优先领域，通过制定可再生能源开发利用总量目标和采取相应措施，推动可再生能源市场的建立和发展。

国家鼓励各种所有制经济主体参与可再生能源的开发利用，依法保护可再生能源开发利用者的合法权益。

第五条 国务院能源主管部门对全国可再生能源的开发利用实施统一管理。国务院有关部门在各自的职责范围内负责有关的可再生能源开发利用管理工作。

县级以上地方人民政府管理能源工作的部门负责本行政区域内可再生能源开发利用的管理工作。县级以上地方人民政府有关部门在各自的职责范围内负责有关的可再生能源开发利用管理工作。

第二章 资源调查与发展规划

第六条 国务院能源主管部门负责组织和协调全国可再生能源资源的调查，并会同国务院有关部门组织制定资源调查的技术规范。

国务院有关部门在各自的职责范围内负责相关可再生能源资源的调查，调查结果报国务院能源主管部门汇总。

可再生能源资源的调查结果应当公布；但是，国家规定需要保密的内容除外。

第七条 国务院能源主管部门根据全国能源需求与可再生能源资源实际状况，制定全国可再生能源开发利用中长期总量目标，报国务院批准后执行，并予公布。

国务院能源主管部门根据前款规定的总量目标和省、自治区、直辖市经济发展与可再生能源资源实际状况，会同省、自治区、直辖市人民政府确定各行政区域可再生能源开发利用中长期目标，并予公布。

第八条 国务院能源主管部门根据全国可再生能源开发利用中长期总量目标，会同国务院有关部门，编制全国可再生能源开发利用规划，报国务院批准后实施。

省、自治区、直辖市人民政府管理能源工作的部门根据本行政区域可再生能源开发利用中长期目标，会同本级人民政府有关部门编制本行政区域可再生能源开发利用规划，报本级人民政府批准后实施。

经批准的规划应当公布；但是，国家规定需要保密的内容除外。

经批准的规划需要修改的，须经原批准机关批准。

第九条 编制可再生能源开发利用规划，应当征求有关单位、专家和公众的意见，进行科学论证。

第三章 产业指导与技术支持

第十条 国务院能源主管部门根据全国可再生能源开发利用规划，制定、公布可再生能源产业发展指导目录。

第十一条 国务院标准化行政主管部门应当制定、公布国家可再生能源电力的并网技术标准和其他需要在全国范围内统一技术要求的有关可再生能源技术和产品的国家标准。

对前款规定的国家标准中未作规定的技术要求，国务院有关部门可以制定相关的行业标准，并报国务院标准化行政主管部门备案。

第十二条 国家将可再生能源开发利用的科学技术研究和产业化发展列为科技发展与高技术产业发展的优先领域，纳入国家科技发展规划和高技术产业发展规划，并安排资金支持可再生能源开发利用的科学技术研究、应用示范和产业化发展，促进可再生能源开发利用的技术进步，降低可再生能源产品的生产成本，提高产品质量。

国务院教育行政部门应当将可再生能源知识和技术纳入普通教育、职业教育课程。

第四章　推广与应用

第十三条　国家鼓励和支持可再生能源并网发电。

建设可再生能源并网发电项目，应当依照法律和国务院的规定取得行政许可或者报送备案。

建设应当取得行政许可的可再生能源并网发电项目，有多人申请同一项目许可的，应当依法通过招标确定被许可人。

第十四条　电网企业应当与依法取得行政许可或者报送备案的可再生能源发电企业签订并网协议，全额收购其电网覆盖范围内可再生能源并网发电项目的上网电量，并为可再生能源发电提供上网服务。

第十五条　国家扶持在电网未覆盖的地区建设可再生能源独立电力系统，为当地生产和生活提供电力服务。

第十六条　国家鼓励清洁、高效地开发利用生物质燃料，鼓励发展能源作物。

利用生物质资源生产的燃气和热力，符合城市燃气管网、热力管网的入网技术标准的，经营燃气管网、热力管网的企业应当接收其入网。

国家鼓励生产和利用生物液体燃料。石油销售企业应当按照国务院能源主管部门或者省级人民政府的规定，将符合国家标准的生物液体燃料纳入其燃料销售体系。

第十七条　国家鼓励单位和个人安装和使用太阳能热水系

统、太阳能供热采暖和制冷系统、太阳能光伏发电系统等太阳能利用系统。

国务院建设行政主管部门会同国务院有关部门制定太阳能利用系统与建筑结合的技术经济政策和技术规范。

房地产开发企业应当根据前款规定的技术规范，在建筑物的设计和施工中，为太阳能利用提供必备条件。

对已建成的建筑物，住户可以在不影响其质量与安全的前提下安装符合技术规范和产品标准的太阳能利用系统；但是，当事人另有约定的除外。

第十八条 国家鼓励和支持农村地区的可再生能源开发利用。

县级以上地方人民政府管理能源工作的部门会同有关部门，根据当地经济社会发展、生态保护和卫生综合治理需要等实际情况，制定农村地区可再生能源发展规划，因地制宜地推广应用沼气等生物质资源转化、户用太阳能、小型风能、小型水能等技术。

县级以上人民政府应当对农村地区的可再生能源利用项目提供财政支持。

第五章 价格管理与费用分摊

第十九条 可再生能源发电项目的上网电价，由国务院价格主管部门根据不同类型可再生能源发电的特点和不同地区的情况，按照有利于促进可再生能源开发利用和经济合理的原则确定，并根据可再生能源开发利用技术的发展适时调整。上网电价应当公布。

依照本法第十三条第三款规定实行招标的可再生能源发电

项目的上网电价，按照中标确定的价格执行；但是，不得高于依照前款规定确定的同类可再生能源发电项目的上网电价水平。

第二十条 电网企业依照本法第十九条规定确定的上网电价收购可再生能源电量所发生的费用，高于按照常规能源发电平均上网电价计算所发生费用之间的差额，附加在销售电价中分摊。具体办法由国务院价格主管部门制定。

第二十一条 电网企业为收购可再生能源电量而支付的合理的接网费用以及其他合理的相关费用，可以计入电网企业输电成本，并从销售电价中回收。

第二十二条 国家投资或者补贴建设的公共可再生能源独立电力系统的销售电价，执行同一地区分类销售电价，其合理的运行和管理费用超出销售电价的部分，依照本法第二十条规定的办法分摊。

第二十三条 进入城市管网的可再生能源热力和燃气的价格，按照有利于促进可再生能源开发利用和经济合理的原则，根据价格管理权限确定。

第六章 经济激励与监督措施

第二十四条 国家财政设立可再生能源发展专项资金，用于支持以下活动：

（一）可再生能源开发利用的科学技术研究、标准制定和示范工程；

（二）农村、牧区生活用能的可再生能源利用项目；

（三）偏远地区和海岛可再生能源独立电力系统建设；

（四）可再生能源的资源勘查、评价和相关信息系统建设；

（五）促进可再生能源开发利用设备的本地化生产。

第二十五条 对列入国家可再生能源产业发展指导目录、符合信贷条件的可再生能源开发利用项目，金融机构可以提供有财政贴息的优惠贷款。

第二十六条 国家对列入可再生能源产业发展指导目录的项目给予税收优惠。具体办法由国务院规定。

第二十七条 电力企业应当真实、完整地记载和保存可再生能源发电的有关资料，并接受电力监管机构的检查和监督。

电力监管机构进行检查时，应当依照规定的程序进行，并为被检查单位保守商业秘密和其他秘密。

第七章 法律责任

第二十八条 国务院能源主管部门和县级以上地方人民政府管理能源工作的部门和其他有关部门在可再生能源开发利用监督管理工作中，违反本法规定，有下列行为之一的，由本级人民政府或者上级人民政府有关部门责令改正，对负有责任的主管人员和其他直接责任人员依法给予行政处分；构成犯罪的，依法追究刑事责任：

（一）不依法作出行政许可决定的；

（二）发现违法行为不予查处的；

（三）有不依法履行监督管理职责的其他行为的。

第二十九条 违反本法第十四条规定，电网企业未全额收购可再生能源电量，造成可再生能源发电企业经济损失的，应当承担赔偿责任，并由国家电力监管机构责令限期改正；拒不改正的，处以可再生能源发电企业经济损失额一倍以下的罚款。

第三十条 违反本法第十六条第二款规定，经营燃气管网、热力管网的企业不准许符合入网技术标准的燃气、热力入网，造成燃气、热力生产企业经济损失的，应当承担赔偿责任，并由省级人民政府管理能源工作的部门责令限期改正；拒不改正的，处以燃气、热力生产企业经济损失额一倍以下的罚款。

第三十一条 违反本法第十六条第三款规定，石油销售企业未按照规定将符合国家标准的生物液体燃料纳入其燃料销售体系，造成生物液体燃料生产企业经济损失的，应当承担赔偿责任，并由国务院能源主管部门或者省级人民政府管理能源工作的部门责令限期改正；拒不改正的，处以生物液体燃料生产企业经济损失额一倍以下的罚款。

第八章 附 则

第三十二条 本法中下列用语的含义：

（一）生物质能，是指利用自然界的植物、粪便以及城乡有机废物转化成的能源。

（二）可再生能源独立电力系统，是指不与电网连接的单独运行的可再生能源电力系统。

（三）能源作物，是指经专门种植，用以提供能源原料的草本和木本植物。

（四）生物液体燃料，是指利用生物质资源生产的甲醇、乙醇和生物柴油等液体燃料。

第三十三条 本法自 2006 年 1 月 1 日起施行。

中华人民共和国节约能源法

（1997 年 11 月 1 日第八届全国人民代表大会常务委员会
第二十八次会议通过　2007 年 10 月 28 日第十届
全国人民代表大会常务委员会第三十次会议修订）

第一章　总　　则

第一条　为了推动全社会节约能源，提高能源利用效率，保护和改善环境，促进经济社会全面协调可持续发展，制定本法。

第二条　本法所称能源，是指煤炭、石油、天然气、生物质能和电力、热力以及其他直接或者通过加工、转换而取得有用能的各种资源。

第三条　本法所称节约能源（以下简称节能），是指加强用能管理，采取技术上可行、经济上合理以及环境和社会可以承受的措施，从能源生产到消费的各个环节，降低消耗、减少损失和污染物排放、制止浪费，有效、合理地利用能源。

第四条　节约资源是我国的基本国策。国家实施节约与开发并举、把节约放在首位的能源发展战略。

第五条　国务院和县级以上地方各级人民政府应当将节能工作纳入国民经济和社会发展规划、年度计划，并组织编制和实施节能中长期专项规划、年度节能计划。

国务院和县级以上地方各级人民政府每年向本级人民代表大会或者其常务委员会报告节能工作。

第六条 国家实行节能目标责任制和节能考核评价制度，将节能目标完成情况作为对地方人民政府及其负责人考核评价的内容。

省、自治区、直辖市人民政府每年向国务院报告节能目标责任的履行情况。

第七条 国家实行有利于节能和环境保护的产业政策，限制发展高耗能、高污染行业，发展节能环保型产业。

国务院和省、自治区、直辖市人民政府应当加强节能工作，合理调整产业结构、企业结构、产品结构和能源消费结构，推动企业降低单位产值能耗和单位产品能耗，淘汰落后的生产能力，改进能源的开发、加工、转换、输送、储存和供应，提高能源利用效率。

国家鼓励、支持开发和利用新能源、可再生能源。

第八条 国家鼓励、支持节能科学技术的研究、开发、示范和推广，促进节能技术创新与进步。

国家开展节能宣传和教育，将节能知识纳入国民教育和培训体系，普及节能科学知识，增强全民的节能意识，提倡节约型的消费方式。

第九条 任何单位和个人都应当依法履行节能义务，有权检举浪费能源的行为。

新闻媒体应当宣传节能法律、法规和政策，发挥舆论监督作用。

第十条 国务院管理节能工作的部门主管全国的节能监督管理工作。国务院有关部门在各自的职责范围内负责节能监督管理工作，并接受国务院管理节能工作的部门的指导。

县级以上地方各级人民政府管理节能工作的部门负责本行

政区域内的节能监督管理工作。县级以上地方各级人民政府有关部门在各自的职责范围内负责节能监督管理工作，并接受同级管理节能工作的部门的指导。

第二章　节能管理

第十一条　国务院和县级以上地方各级人民政府应当加强对节能工作的领导，部署、协调、监督、检查、推动节能工作。

第十二条　县级以上人民政府管理节能工作的部门和有关部门应当在各自的职责范围内，加强对节能法律、法规和节能标准执行情况的监督检查，依法查处违法用能行为。

履行节能监督管理职责不得向监督管理对象收取费用。

第十三条　国务院标准化主管部门和国务院有关部门依法组织制定并适时修订有关节能的国家标准、行业标准，建立健全节能标准体系。

国务院标准化主管部门会同国务院管理节能工作的部门和国务院有关部门制定强制性的用能产品、设备能源效率标准和生产过程中耗能高的产品的单位产品能耗限额标准。

国家鼓励企业制定严于国家标准、行业标准的企业节能标准。

省、自治区、直辖市制定严于强制性国家标准、行业标准的地方节能标准，由省、自治区、直辖市人民政府报经国务院批准；本法另有规定的除外。

第十四条　建筑节能的国家标准、行业标准由国务院建设主管部门组织制定，并依照法定程序发布。

省、自治区、直辖市人民政府建设主管部门可以根据本地实际情况，制定严于国家标准或者行业标准的地方建筑节能标准，并报国务院标准化主管部门和国务院建设主管部门备案。

第十五条 国家实行固定资产投资项目节能评估和审查制度。不符合强制性节能标准的项目，依法负责项目审批或者核准的机关不得批准或者核准建设；建设单位不得开工建设；已经建成的，不得投入生产、使用。具体办法由国务院管理节能工作的部门会同国务院有关部门制定。

第十六条 国家对落后的耗能过高的用能产品、设备和生产工艺实行淘汰制度。淘汰的用能产品、设备、生产工艺的目录和实施办法，由国务院管理节能工作的部门会同国务院有关部门制定并公布。

生产过程中耗能高的产品的生产单位，应当执行单位产品能耗限额标准。对超过单位产品能耗限额标准用能的生产单位，由管理节能工作的部门按照国务院规定的权限责令限期治理。

对高耗能的特种设备，按照国务院的规定实行节能审查和监管。

第十七条 禁止生产、进口、销售国家明令淘汰或者不符合强制性能源效率标准的用能产品、设备；禁止使用国家明令淘汰的用能设备、生产工艺。

第十八条 国家对家用电器等使用面广、耗能量大的用能产品，实行能源效率标识管理。实行能源效率标识管理的产品目录和实施办法，由国务院管理节能工作的部门会同国务院产品质量监督部门制定并公布。

第十九条 生产者和进口商应当对列入国家能源效率标识管理产品目录的用能产品标注能源效率标识，在产品包装物上或者说明书中予以说明，并按照规定报国务院产品质量监督部门和国务院管理节能工作的部门共同授权的机构备案。

生产者和进口商应当对其标注的能源效率标识及相关信息的准确性负责。禁止销售应当标注而未标注能源效率标识的产品。

禁止伪造、冒用能源效率标识或者利用能源效率标识进行虚假宣传。

第二十条 用能产品的生产者、销售者，可以根据自愿原则，按照国家有关节能产品认证的规定，向经国务院认证认可监督管理部门认可的从事节能产品认证的机构提出节能产品认证申请；经认证合格后，取得节能产品认证证书，可以在用能产品或者其包装物上使用节能产品认证标志。

禁止使用伪造的节能产品认证标志或者冒用节能产品认证标志。

第二十一条 县级以上各级人民政府统计部门应当会同同级有关部门，建立健全能源统计制度，完善能源统计指标体系，改进和规范能源统计方法，确保能源统计数据真实、完整。

国务院统计部门会同国务院管理节能工作的部门，定期向社会公布各省、自治区、直辖市以及主要耗能行业的能源消费和节能情况等信息。

第二十二条 国家鼓励节能服务机构的发展，支持节能服务机构开展节能咨询、设计、评估、检测、审计、认证等服务。

国家支持节能服务机构开展节能知识宣传和节能技术培训，提供节能信息、节能示范和其他公益性节能服务。

第二十三条 国家鼓励行业协会在行业节能规划、节能标准的制定和实施、节能技术推广、能源消费统计、节能宣传培训和信息咨询等方面发挥作用。

第三章　合理使用与节约能源

第一节　一般规定

第二十四条　用能单位应当按照合理用能的原则，加强节能管理，制定并实施节能计划和节能技术措施，降低能源消耗。

第二十五条　用能单位应当建立节能目标责任制，对节能工作取得成绩的集体、个人给予奖励。

第二十六条　用能单位应当定期开展节能教育和岗位节能培训。

第二十七条　用能单位应当加强能源计量管理，按照规定配备和使用经依法检定合格的能源计量器具。

用能单位应当建立能源消费统计和能源利用状况分析制度，对各类能源的消费实行分类计量和统计，并确保能源消费统计数据真实、完整。

第二十八条　能源生产经营单位不得向本单位职工无偿提供能源。任何单位不得对能源消费实行包费制。

第二节　工业节能

第二十九条　国务院和省、自治区、直辖市人民政府推进能源资源优化开发利用和合理配置，推进有利于节能的行业结构调整，优化用能结构和企业布局。

第三十条　国务院管理节能工作的部门会同国务院有关部门制定电力、钢铁、有色金属、建材、石油加工、化工、煤炭等主要耗能行业的节能技术政策，推动企业节能技术改造。

第三十一条国家鼓励工业企业采用高效、节能的电动机、锅炉、窑炉、风机、泵类等设备，采用热电联产、余热余压利用、洁净煤以及先进的用能监测和控制等技术。

第三十二条 电网企业应当按照国务院有关部门制定的节能发电调度管理的规定，安排清洁、高效和符合规定的热电联产、利用余热余压发电的机组以及其他符合资源综合利用规定的发电机组与电网并网运行，上网电价执行国家有关规定。

第三十三条 禁止新建不符合国家规定的燃煤发电机组、燃油发电机组和燃煤热电机组。

第三节 建筑节能

第三十四条 国务院建设主管部门负责全国建筑节能的监督管理工作。

县级以上地方各级人民政府建设主管部门负责本行政区域内建筑节能的监督管理工作。

县级以上地方各级人民政府建设主管部门会同同级管理节能工作的部门编制本行政区域内的建筑节能规划。建筑节能规划应当包括既有建筑节能改造计划。

第三十五条 建筑工程的建设、设计、施工和监理单位应当遵守建筑节能标准。

不符合建筑节能标准的建筑工程，建设主管部门不得批准开工建设；已经开工建设的，应当责令停止施工、限期改正；已经建成的，不得销售或者使用。

建设主管部门应当加强对在建建筑工程执行建筑节能标准情况的监督检查。

第三十六条 房地产开发企业在销售房屋时，应当向购买人明示所售房屋的节能措施、保温工程保修期等信息，在房屋买卖合同、质量保证书和使用说明书中载明，并对其真实性、准确性负责。

第三十七条 使用空调采暖、制冷的公共建筑应当实行室内温度控制制度。具体办法由国务院建设主管部门制定。

第三十八条 国家采取措施，对实行集中供热的建筑分步骤实行供热分户计量、按照用热量收费的制度。新建建筑或者对既有建筑进行节能改造，应当按照规定安装用热计量装置、室内温度调控装置和供热系统调控装置。具体办法由国务院建设主管部门会同国务院有关部门制定。

第三十九条 县级以上地方各级人民政府有关部门应当加强城市节约用电管理，严格控制公用设施和大型建筑物装饰性景观照明的能耗。

第四十条 国家鼓励在新建建筑和既有建筑节能改造中使用新型墙体材料等节能建筑材料和节能设备，安装和使用太阳能等可再生能源利用系统。

第四节　通运输节能

第四十一条 国务院有关交通运输主管部门按照各自的职责负责全国交通运输相关领域的节能监督管理工作。

国务院有关交通运输主管部门会同国务院管理节能工作的部门分别制定相关领域的节能规划。

第四十二条 国务院及其有关部门指导、促进各种交通运输方式协调发展和有效衔接，优化交通运输结构，建设节能型综合交通运输体系。

第四十三条 县级以上地方各级人民政府应当优先发展公共交通，加大对公共交通的投入，完善公共交通服务体系，鼓励利用公共交通工具出行；鼓励使用非机动交通工具出行。

第四十四条 国务院有关交通运输主管部门应当加强交通运输组织管理，引导道路、水路、航空运输企业提高运输组织化程度和集约化水平，提高能源利用效率。

第四十五条 国家鼓励开发、生产、使用节能环保型汽车、摩托车、铁路机车车辆、船舶和其他交通运输工具，实行老旧交通运输工具的报废、更新制度。

国家鼓励开发和推广应用交通运输工具使用的清洁燃料、石油替代燃料。

第四十六条 国务院有关部门制定交通运输营运车船的燃料消耗量限值标准；不符合标准的，不得用于营运。

国务院有关交通运输主管部门应当加强对交通运输营运车船燃料消耗检测的监督管理。

第五节 公共机构节能

第四十七条 公共机构应当厉行节约，杜绝浪费，带头使用节能产品、设备，提高能源利用效率。

本法所称公共机构，是指全部或者部分使用财政性资金的国家机关、事业单位和团体组织。

第四十八条 国务院和县级以上地方各级人民政府管理机关事务工作的机构会同同级有关部门制定和组织实施本级公共机构节能规划。公共机构节能规划应当包括公共机构既有建筑节能改造计划。

第四十九条 公共机构应当制定年度节能目标和实施方案，加强能源消费计量和监测管理，向本级人民政府管理机关事务工作的机构报送上年度的能源消费状况报告。

国务院和县级以上地方各级人民政府管理机关事务工作的机构会同同级有关部门按照管理权限，制定本级公共机构的能源消耗定额，财政部门根据该定额制定能源消耗支出标准。

第五十条 公共机构应当加强本单位用能系统管理，保证用能系统的运行符合国家相关标准。

公共机构应当按照规定进行能源审计，并根据能源审计结果采取提高能源利用效率的措施。

第五十一条 公共机构采购用能产品、设备，应当优先采购列入节能产品、设备政府采购名录中的产品、设备。禁止采购国家明令淘汰的用能产品、设备。

节能产品、设备政府采购名录由省级以上人民政府的政府采购监督管理部门会同同级有关部门制定并公布。

第六节 重点用能单位节能

第五十二条 国家加强对重点用能单位的节能管理。

下列用能单位为重点用能单位：

（一）年综合能源消费总量一万吨标准煤以上的用能单位；

（二）国务院有关部门或者省、自治区、直辖市人民政府管理节能工作的部门指定的年综合能源消费总量五千吨以上不满一万吨标准煤的用能单位。

重点用能单位节能管理办法，由国务院管理节能工作的部门会同国务院有关部门制定。

第五十三条 重点用能单位应当每年向管理节能工作的部门报送上年度的能源利用状况报告。能源利用状况包括能源消费情况、能源利用效率、节能目标完成情况和节能效益分析、节能措施等内容。

第五十四条 管理节能工作的部门应当对重点用能单位报送的能源利用状况报告进行审查。对节能管理制度不健全、节能措施不落实、能源利用效率低的重点用能单位，管理节能工作的部门应当开展现场调查，组织实施用能设备能源效率检测，责令实施能源审计，并提出书面整改要求，限期整改。

第五十五条 重点用能单位应当设立能源管理岗位，在具有节能专业知识、实际经验以及中级以上技术职称的人员中聘任能源管理负责人，并报管理节能工作的部门和有关部门备案。

能源管理负责人负责组织对本单位用能状况进行分析、评价，组织编写本单位能源利用状况报告，提出本单位节能工作的改进措施并组织实施。

能源管理负责人应当接受节能培训。

第四章 节能技术进步

第五十六条 国务院管理节能工作的部门会同国务院科技主管部门发布节能技术政策大纲，指导节能技术研究、开发和推广应用。

第五十七条 县级以上各级人民政府应当把节能技术研究开发作为政府科技投入的重点领域，支持科研单位和企业开展节能技术应用研究，制定节能标准，开发节能共性和关键技术，促进节能技术创新与成果转化。

第五十八条 国务院管理节能工作的部门会同国务院有关部门制定并公布节能技术、节能产品的推广目录，引导用能单位和个人使用先进的节能技术、节能产品。

国务院管理节能工作的部门会同国务院有关部门组织实施重大节能科研项目、节能示范项目、重点节能工程。

第五十九条 县级以上各级人民政府应当按照因地制宜、多能互补、综合利用、讲求效益的原则，加强农业和农村节能工作，增加对农业和农村节能技术、节能产品推广应用的资金投入。

农业、科技等有关主管部门应当支持、推广在农业生产、农产品加工储运等方面应用节能技术和节能产品，鼓励更新和淘汰高耗能的农业机械和渔业船舶。

国家鼓励、支持在农村大力发展沼气，推广生物质能、太阳能和风能等可再生能源利用技术，按照科学规划、有序开发的原则发展小型水力发电，推广节能型的农村住宅和炉灶等，鼓励利用非耕地种植能源植物，大力发展薪炭林等能源林。

第五章　激励措施

第六十条　中央财政和省级地方财政安排节能专项资金，支持节能技术研究开发、节能技术和产品的示范与推广、重点节能工程的实施、节能宣传培训、信息服务和表彰奖励等。

第六十一条　国家对生产、使用列入本法第五十八条规定的推广目录的需要支持的节能技术、节能产品，实行税收优惠等扶持政策。

国家通过财政补贴支持节能照明器具等节能产品的推广和使用。

第六十二条　国家实行有利于节约能源资源的税收政策，健全能源矿产资源有偿使用制度，促进能源资源的节约及其开采利用水平的提高。

第六十三条　国家运用税收等政策，鼓励先进节能技术、设备的进口，控制在生产过程中耗能高、污染重的产品的出口。

第六十四条　政府采购监督管理部门会同有关部门制定节能产品、设备政府采购名录，应当优先列入取得节能产品认证证书的产品、设备。

第六十五条 国家引导金融机构增加对节能项目的信贷支持，为符合条件的节能技术研究开发、节能产品生产以及节能技术改造等项目提供优惠贷款。

国家推动和引导社会有关方面加大对节能的资金投入，加快节能技术改造。

第六十六条 国家实行有利于节能的价格政策，引导用能单位和个人节能。

国家运用财税、价格等政策，支持推广电力需求侧管理、合同能源管理、节能自愿协议等节能办法。

国家实行峰谷分时电价、季节性电价、可中断负荷电价制度，鼓励电力用户合理调整用电负荷；对钢铁、有色金属、建材、化工和其他主要耗能行业的企业，分淘汰、限制、允许和鼓励类实行差别电价政策。

第六十七条 各级人民政府对在节能管理、节能科学技术研究和推广应用中有显著成绩以及检举严重浪费能源行为的单位和个人，给予表彰和奖励。

第六章 法律责任

第六十八条 负责审批或者核准固定资产投资项目的机关违反本法规定，对不符合强制性节能标准的项目予以批准或者核准建设的，对直接负责的主管人员和其他直接责任人员依法给予处分。

固定资产投资项目建设单位开工建设不符合强制性节能标准的项目或者将该项目投入生产、使用的，由管理节能工作的部门责令停止建设或者停止生产、使用，限期改造；不能改造或者逾期不改造的生产性项目，由管理节能工作的部门报请本级人民政府按照国务院规定的权限责令关闭。

第六十九条 生产、进口、销售国家明令淘汰的用能产品、设备的，使用伪造的节能产品认证标志或者冒用节能产品认证标志的，依照《中华人民共和国产品质量法》的规定处罚。

第七十条 生产、进口、销售不符合强制性能源效率标准的用能产品、设备的，由产品质量监督部门责令停止生产、进口、销售，没收违法生产、进口、销售的用能产品、设备和违法所得，并处违法所得一倍以上五倍以下罚款；情节严重的，由工商行政管理部门吊销营业执照。

第七十一条 使用国家明令淘汰的用能设备或者生产工艺的，由管理节能工作的部门责令停止使用，没收国家明令淘汰的用能设备；情节严重的，可以由管理节能工作的部门提出意见，报请本级人民政府按照国务院规定的权限责令停业整顿或者关闭。

第七十二条 生产单位超过单位产品能耗限额标准用能，情节严重，经限期治理逾期不治理或者没有达到治理要求的，可以由管理节能工作的部门提出意见，报请本级人民政府按照国务院规定的权限责令停业整顿或者关闭。

第七十三条 违反本法规定，应当标注能源效率标识而未标注的，由产品质量监督部门责令改正，处三万元以上五万元以下罚款。

违反本法规定，未办理能源效率标识备案，或者使用的能源效率标识不符合规定的，由产品质量监督部门责令限期改正；逾期不改正的，处一万元以上三万元以下罚款。

伪造、冒用能源效率标识或者利用能源效率标识进行虚假宣传的，由产品质量监督部门责令改正，处五万元以上十万元以下罚款；情节严重的，由工商行政管理部门吊销营业执照。

第七十四条 用能单位未按照规定配备、使用能源计量器具的，由产品质量监督部门责令限期改正；逾期不改正的，处一万元以上五万元以下罚款。

第七十五条 瞒报、伪造、篡改能源统计资料或者编造虚假能源统计数据的，依照《中华人民共和国统计法》的规定处罚。

第七十六条 从事节能咨询、设计、评估、检测、审计、认证等服务的机构提供虚假信息的，由管理节能工作的部门责令改正，没收违法所得，并处五万元以上十万元以下罚款。

第七十七条 违反本法规定，无偿向本单位职工提供能源或者对能源消费实行包费制的，由管理节能工作的部门责令限期改正；逾期不改正的，处五万元以上二十万元以下罚款。

第七十八条 电网企业未按照本法规定安排符合规定的热电联产和利用余热余压发电的机组与电网并网运行，或者未执行国家有关上网电价规定的，由国家电力监管机构责令改正；造成发电企业经济损失的，依法承担赔偿责任。

第七十九条 建设单位违反建筑节能标准的，由建设主管部门责令改正，处二十万元以上五十万元以下罚款。

设计单位、施工单位、监理单位违反建筑节能标准的，由建设主管部门责令改正，处十万元以上五十万元以下罚款；情节严重的，由颁发资质证书的部门降低资质等级或者吊销资质证书；造成损失的，依法承担赔偿责任。

第八十条 房地产开发企业违反本法规定，在销售房屋时未向购买人明示所售房屋的节能措施、保温工程保修期等信息的，由建设主管部门责令限期改正，逾期不改正的，处三万元以上五万元以下罚款；对以上信息作虚假宣传的，由建设主管部门责令改正，处五万元以上二十万元以下罚款。

第八十一条 公共机构采购用能产品、设备，未优先采购列入节能产品、设备政府采购名录中的产品、设备，或者采购国家明令淘汰的用能产品、设备的，由政府采购监督管理部门给予警告，可以并处罚款；对直接负责的主管人员和其他直接责任人员依法给予处分，并予通报。

第八十二条 重点用能单位未按照本法规定报送能源利用状况报告或者报告内容不实的，由管理节能工作的部门责令限期改正；逾期不改正的，处一万元以上五万元以下罚款。

第八十三条 重点用能单位无正当理由拒不落实本法第五十四条规定的整改要求或者整改没有达到要求的，由管理节能工作的部门处十万元以上三十万元以下罚款。

第八十四条 重点用能单位未按照本法规定设立能源管理岗位，聘任能源管理负责人，并报管理节能工作的部门和有关部门备案的，由管理节能工作的部门责令改正；拒不改正的，处一万元以上三万元以下罚款。

第八十五条 违反本法规定，构成犯罪的，依法追究刑事责任。

第八十六条 国家工作人员在节能管理工作中滥用职权、玩忽职守、徇私舞弊，构成犯罪的，依法追究刑事责任；尚不构成犯罪的，依法给予处分。

第七章 附 则

第八十七条 本法自 2008 年 4 月 1 日起施行。

中华人民共和国能源法

（2007年12月3日 征求意见稿）

第一章 总 则

第一条 ［立法目的］

为了规范能源开发利用和管理行为，构建稳定、经济、清洁、可持续的能源供应及服务体系，提高能源效率，保障能源安全，推动资源节约型和环境友好型社会建设，促进能源与经济社会的协调发展，制定本法。

第二条 ［适用范围］

在中华人民共和国领域和管辖的其他海域内从事能源开发利用和管理活动适用本法。

本法所称能源是指能够直接取得或者通过加工、转换而取得有用能的各种资源，包括煤炭、原油、天然气、煤层气、水能、核能、风能、太阳能、地热能、生物质能等一次能源和电力、热力、成品油等二次能源，以及其他新能源和可再生能源。

第三条 ［节约优先］

能源开发利用应当贯彻节约资源的基本国策，坚持节约与开发并举、节约优先的基本方针。

全社会应当厉行节约能源，提高能源效率。

第四条 ［保障能源安全］

国家坚持能源立足国内、多元发展，增强能源供应能力，保障能源安全。

第五条　［能源与生态环境协调发展］

国家积极优化能源结构，鼓励发展新能源和可再生能源，支持清洁、低碳能源开发利用，推进能源替代，促进能源清洁利用，有效应对气候变化，促进能源开发利用与生态环境保护协调发展。

第六条　［市场配置资源］

国家积极培育和规范能源市场，发挥市场在能源领域资源配置中的基础性作用，鼓励各种所有制主体依法从事能源开发利用活动。

第七条　［普遍服务］

国家建立和完善能源普遍服务机制，保障公民获得基本的能源供应与服务。

第八条　［能源科技创新］

国家坚持依靠科技进步促进能源发展，加强能源科技研究开发与应用，支持能源科技自主创新。

第九条　［能源国际合作］

国家坚持平等互利、合作共赢、协同保障的方针，积极推进能源国际合作。

第十条　［能源统一管理］

国家按照统一管理、分级负责、责权一致的原则加强和规范能源管理。

第十一条　［法律效力］

本法是能源领域的基础性法律，对能源领域单行法律起指导和协调作用。

第二章　能源综合管理

第十二条　［能源管理体系］

国务院能源主管部门统一管理全国能源工作，国务院其他有关部门在各自职责范围内负责相关能源管理工作。

县级以上地方人民政府能源主管部门负责本行政区域内的能源管理工作，同级人民政府其他有关部门在各自职责范围内负责相关能源管理工作。

第十三条　［能源管理部门］

国务院能源主管部门应当依法组织实施国家能源战略，制定和实施能源规划、能源政策，对全国能源各行业进行管理，统筹负责能源领域的发展与改革工作。国务院能源主管部门具体职责由国务院规定。

县级以上地方人民政府能源主管部门负责管理本行政区域内能源开发利用和能源节约活动。地方能源主管部门的设置和具体职责由地方人民政府规定。

第十四条　［能源行业协会］

能源管理应当发挥能源行业协会等社会中介组织的作用。

能源有关行业协会应当反映行业和企业发展要求，在行业统计、行业标准、技术服务、市场开发、信息咨询等方面为企业提供服务，为政府提供决策咨询。

第十五条　［公众参与能源决策］

各级人民政府及有关部门进行涉及公共利益和安全的重大能源决策时，应当听取有关行业协会、企业和社会公众的意见，增强能源决策的民主性、科学性和透明度。

第十六条　［能源投资产权制度］

能源领域实行多元化投资产权制度。

关系国家安全和国民经济命脉的能源领域，实行国有资本控股为主体的投资产权制度。具体办法由国务院能源主管部门会同有关部门制定。

在前款规定的能源领域内，从事能源开发利用活动的企业实施重组或者资产并购的，应当报国务院能源主管部门审核。

第十七条　［能源进出口管理］

国务院能源主管部门会同进出口主管部门制定能源进出口政策，鼓励进口清洁、优质能源及先进能源技术，加强能源和高耗能产品的出口管理监督。

第十八条　［能源统计和预测预警］

各级人民政府统计主管部门会同能源主管部门建立和完善能源统计体系，依法发布能源统计信息。

各级人民政府能源主管部门应当建立能源预测预警机制。

第十九条　［能源标准化管理］

国务院标准化主管部门会同能源主管部门对主要能源产品、高耗能产品和设备等制定相关的国家标准。法律、行政法规另有规定的，从其规定。

第三章　能源战略与规划

第二十条　［能源战略的地位与内容］

国家能源战略是筹划和指导国家能源可持续发展、保障能源安全的总体方略，是制定能源规划和能源政策的基本依据。

国家能源战略应当规定国家能源发展的战略思路、战略目标、战略布局、战略重点、战略措施等内容。

第二十一条　［能源战略的制定依据］

国家能源战略根据基本国策、国家发展战略、经济和社会发展需要及国内外能源发展趋势等制定。

第二十二条　［能源战略的编制、评估和修订］

国家能源战略由国务院组织制定并颁布。

国务院委托有关部门或机构负责国家能源战略的评估。

国家能源战略的战略期为二十至三十年，每五年评估、修订一次，必要时可以适时修订。

第二十三条　［国家能源规划的内涵、构成和种类］

国家能源规划是实施国家能源战略的阶段性行动方案。

国家能源规划应当规定规划期内能源发展的指导思想、基本原则、发展目标和指标、阶段性任务、产业布局、重点项目、政策措施及其他重要事项。

国家能源规划包括国家能源综合规划和国家能源专项规划。

国家能源专项规划包括煤炭、石油、天然气、煤层气、电力、核能、新能源和可再生能源等行业发展规划以及能源节约、能源替代、能源储备、能源科技、农村能源等专题规划。

第二十四条　［国家能源规划制定依据］

国家能源规划根据国民经济和社会发展规划、国家能源战略编制，并与土地利用、水资源、矿产资源、环境保护等相关规划相互协调。

第二十五条　［各类能源规划的衔接］

国家能源综合规划应当统筹兼顾各行业、各地区的发展需要。

国家能源专项规划应当符合国家能源综合规划。

第二十六条 [国家能源规划的编制]

国家能源规划由国务院能源主管部门组织编制，报国务院批准后实施。

国家能源规划的规划期为五年。

国家能源规划应当在同期国民经济和社会发展规划颁布后一年内向社会公布。

第二十七条 [国家能源规划的评估和修订]

国务院委托有关部门或者机构负责国家能源规划的评估。

国务院能源主管部门根据需要或者评估结果对国家能源规划适时修订，报国务院批准后实施。

第二十八条 [国家能源规划的实施与监督]

国务院有关部门及地方各级人民政府应当执行国家能源规划，对不符合国家能源规划的能源项目不得办理相关批准手续。

国务院和省级人民政府建立能源规划监督制度，对国家能源规划的执行情况进行监督检查。

第二十九条 [地方能源规划]

省级人民政府可以制定与国家能源规划相配套的地方能源规划，并报国务院能源主管部门备案。

第四章 能源开发与加工转换

第三十条 [基本原则]

能源开发与加工转换应当遵循合理布局、优化结构、节约高效和保护环境的原则。

国家鼓励单位和个人依法投资能源开发与加工转换项目，平等保护投资者的合法权益。

第三十一条 ［能源资源所有权］

能源矿藏、水能资源和海洋能资源属于国家所有，由国务院代表国家行使所有权，国务院可以授权有关部门或者省级人民政府具体负责所有权行使的管理工作。单位和个人按照有偿取得的原则，可以依法享有占有、使用和收益的权利，但不得损害国家的权益。法律另有规定的除外。

前款规定国家所有的能源资源，任何单位和个人不能取得所有权。

第三十二条 ［能源矿产资源开发项目准入］

国务院能源主管部门会同国土资源主管部门依法制定能源矿产资源开发项目准入条件及管理办法。

企业申请石油、天然气、核能等关系国家安全和国民经济命脉的能源矿产资源勘探或者开采项目，应当符合能源矿产资源开发项目准入条件，经国务院能源主管部门批准后，向国务院国土资源主管部门申请勘查或者采矿许可证。

企业申请煤炭资源勘探或者开采项目，应当符合能源矿产资源开发项目准入条件，经国务院能源主管部门或者其授权的省级人民政府能源主管部门批准后，向国务院国土资源主管部门或者其授权的省级人民政府国土资源主管部门申请勘查或者采矿许可证。

企业转让能源资源探矿权、采矿权的，应当经原项目审批部门批准。

第三十三条 ［可再生能源资源开发项目准入］

国务院能源主管部门会同有关部门根据国家能源战略、国家能源规划和政策依法制定可再生能源资源开发项目准入条件及管理办法。

企业申请开发水能、海洋能资源开发项目，应当符合可再生能源资源开发项目准入条件，由国务院能源主管部门或者其授权的省级人民政府能源主管部门授予能源开发权。

开发风能、太阳能和生物质能资源达到一定规模的项目，由省级人民政府能源主管部门批准，报国务院能源主管部门备案。

开发水能、海洋能的企业转让能源开发权或者变更实际控制人的，须经原项目审批部门批准。

第三十四条 ［能源资源合理开采］

国务院能源主管部门会同有关资源管理部门，对能源资源开发活动进行监管，提高能源资源开发利用率。

第三十五条 ［能源综合高效开发利用］

国家鼓励能源综合高效开发利用，支持以煤炭为原料的燃料、电力、化工产品多联产，鼓励热电冷联产、热电煤气多联供等综合梯级利用，因地制宜发展分布式能源。

第三十六条 ［清洁能源开发］

国家鼓励在保护生态环境的基础上发展水电、核能、天然气、煤层气、风电、生物质能、太阳能、地热能、海洋能等清洁、低碳能源，提高清洁能源在能源结构中的比例。

第三十七条 ［替代能源开发］

国家鼓励以新能源替代传统能源，以可再生能源替代化石能源，以低碳能源替代高碳能源。

国家优先开发应用替代石油的新型燃料和工业原料。

第三十八条 ［民用核能开发利用及厂址保护］

民用核能开发利用项目由国务院批准。

民用核能开发利用厂址由国务院能源主管部门会同有关部

门根据有关法律法规和能源规划确定，所在地人民政府应当加强管理和保护，严禁破坏和抢占。具体办法由国务院能源主管部门会同有关部门制定。

第三十九条　[能源基地建设]

国家在能源资源富集、符合大规模开发条件、对国家能源布局具有战略作用的地区建设能源基地。

能源基地建设纳入国家能源规划。各级人民政府应当采取措施支持能源基地建设。

能源基地建设管理办法由国务院制定。

第四十条　[能源加工转换项目准入]

国务院能源主管部门会同有关部门根据国家能源战略、国家能源规划和政策依法制定能源加工转换项目准入条件及管理办法。

企业从事能源加工转换项目，应当符合能源加工转换项目准入条件，由国务院能源主管部门和省级人民政府能源主管部门或者其授权的部门按照有关规定予以审批、核准或者备案。

第四十一条　[企业的安全环保义务]

能源开发和加工转换企业应当依照有关法律法规，坚持节约生产、清洁生产、安全生产，降低资源消耗，控制和防治污染，保护生态环境。

能源开发和加工转换企业应当具备法定的安全生产和环境保护条件。能源建设项目的安全与环境保护设施，应当与主体工程同时设计、同时施工、同时投入使用。

第四十二条　[生态环境补偿]

国家建立能源生态环境补偿机制。能源开发和加工转换项目所在地人民政府应当制定污染治理和生态恢复规划。能源开发和加工转换企业应当承担污染治理和生态保护的责任。

第四十三条 ［核废物处理］

国家实行核燃料闭合循环政策。

民用核能生产和科研等单位是其产生的核废物处理处置的责任主体。

第五章 能源供应与服务

第四十四条 ［能源供应的原则］

各级人民政府应当采取措施促进能源基础设施和运输体系建设，建立多元供应渠道，加强能源供应的组织协调，保障能源持续、稳定、安全、有序供应。

第四十五条 ［能源供应市场主体］

国家鼓励各种所有制主体依法从事能源供应业务，促进能源供应市场的公平有序竞争，提高能源供应服务质量和效率。

第四十六条 ［能源供应业务准入］

关系公共利益和国家安全的能源批发、零售、进出口等供应业务实行准入制度。

能源供应业务准入条件和管理办法由国务院能源主管部门会同有关部门制定。

第四十七条 ［跨区能源基础设施建设］

国务院能源主管部门会同有关部门统筹规划和组织建设跨省、自治区、直辖市的电力、石油和天然气输送管网等能源骨干基础设施。所在地人民政府应当按照规划预留能源基础设施建设用地，并纳入土地利用规划。

第四十八条 ［能源输送管网设施开放］

能源输送管网设施应当向合格的能源用户和交易主体开

放，经营能源输送管网设施的企业应当依法提供公平、无歧视的接入和输送服务。

接入能源输送管网的设施，应当符合国家或者行业的相关技术标准。

第四十九条　［能源基础设施保护］

国家保护能源基础设施，维护社会公共安全，禁止任何盗窃、抢劫、破坏和非法占用的行为。

各级人民政府应当保护所辖区域内能源基础设施的安全。

第五十条　［能源普遍服务］

从事民用燃气、热力和电力等供应业务的企业应当依法履行普遍服务义务，保障公民获得无歧视、价格合理的基本能源供应服务，接受能源主管部门和有关部门及社会公众监督。

国家建立能源普遍服务补偿机制，对因承担普遍服务义务造成亏损的企业给予合理补偿或者政策优惠。具体办法由国务院制定。

第五十一条　［停业歇业审批］

承担能源普遍服务义务的能源企业停业、歇业或者无法履行义务的，应当报原业务准入审批机构审批或者备案，具体管理办法由国务院能源主管部门制定。

第五十二条　［能源用户义务］

能源用户应当安全、节约和有效使用能源。

能源用户应当依法配合能源供应企业的供应服务，遵守相关技术管理规范，按照国家有关规定和当事人的约定支付相应的费用，维护正常的能源供应秩序。

第五十三条　［能源自然垄断环节监管］

国务院能源主管部门会同有关部门依法对具有自然垄断特

征的电力、石油、燃气等能源输送管网的公平开放、普遍服务、消费者权益保护等实行专业性监管。具体办法由国务院制定。

第六章　能源节约

第五十四条　［节约优先战略的实施］

各级人民政府应当将能源节约作为经济和社会发展的优先目标，制定并实施节能政策措施，培育节能市场，推动全社会节能。

各级人民政府和用能单位应当建立节能的激励和约束机制，实施节能奖惩制度。

第五十五条　［优化产业结构节能］

各级人民政府应当推进经济结构优化和产业升级，优先发展低能耗的高附加值产业，促进经济社会的节约发展。

第五十六条　［优化消费结构节能］

各级人民政府应当采取措施推行节约能源的生产、生活和消费方式，改善能源消费结构，提高终端能源效率。

用能单位和个人应当节俭、适度、科学用能，优先使用高效能源和节能产品。

第五十七条　［技术节能］

各级人民政府应当构建能源节约的技术支持体系，加强能源节约和循环利用技术的攻关和产业化。

用能单位应当推进节能技术进步，采用节能新技术、新工艺、新设备、新材料，加强资源综合利用，提高能源节约利用水平。

第五十八条　［管理节能］

国家建立节能目标责任制和评价考核制度。各级人民政府应当将节约能源纳入国民经济和社会发展总体规划及各专项规划，建立科学的节能指标体系、监测体系和评价考核体系。

重点用能单位应当加强节能管理，建立节能组织机构和设置节能专业岗位，明确节能目标和各级机构的节能责任。

第五十九条 ［重点领域节能］

各级人民政府能源主管部门应当加强重点用能单位的节能管理和监督，依法进行能源审计和监督检查，积极推进工业、建筑、交通和商业贸易领域的节能。政府和其他公共机构应当发挥节能示范引导作用。

第六十条 ［政府节能保障措施］

国务院和省级人民政府能源主管部门及有关部门应当创新节能管理制度，制定节能标准，完善固定资产投资项目节能评估和审查制度、合理用能及监督检查制度、节能产品认证及推广制度、高耗能产品生产准入和退出制度。

国务院和省级人民政府能源主管部门应当会同有关部门综合运用各种经济手段，促进能源节约和有效利用。

第六十一条 ［节能市场机制］

各级人民政府应当建立和完善节能市场机制，培育节能咨询和服务体系，推行能源效率标识、合同能源管理、自愿节能协议和能源需求侧管理等措施。

第七章　能源储备

第六十二条 ［能源储备管理］

国家建立能源储备制度，规范能源储备建设和管理，提高能源应急处置能力，保障能源供应安全。

国务院能源主管部门会同有关部门负责能源储备管理

工作。

第六十三条 ［能源储备分类及管理办法］

能源储备包括能源产品储备和能源资源储备。能源产品储备包括石油、天然气、天然铀产品等。能源资源储备包括石油、天然气、天然铀、特殊和稀有煤种等资源。具体管理办法由国务院制定。

第六十四条 ［能源产品储备］

国家能源产品储备分为政府储备与企业义务储备。

承担储备义务的企业有义务达到国家规定的储备量，按规定报告储备数据，接受能源主管部门的监督检查。企业义务储备不包括企业生产运营的正常周转库存。

政府储备由国家出资建立，企业义务储备由能源企业出资建立。

第六十五条 ［石油储备建设及管理］

石油的政府储备由国务院能源主管部门负责组织建设和管理。

石油的企业义务储备由从事原油进口、加工和销售经营以及成品油进口和批发经营的企业建立。

国务院能源主管部门建立石油储备监督检查制度，对政府储备和企业义务储备的建设、收储、轮换等情况进行监督管理。

第六十六条 ［能源资源储备］

国家能源资源储备由国务院能源主管部门会同国土资源主管部门根据国家能源战略的需要，在能源矿产规划矿区、大型整装矿区和能源基地内的资源储量中划定。

已经设定探矿权和采矿权的能源资源划定为能源资源储备

的，国家对探矿权和采矿权人给予合理补偿。

第六十七条　［国家能源储备的动用］

国家能源产品储备需要动用时，由国务院能源主管部门会同财政主管部门提出动用建议，经国务院批准后动用。

动用国家能源资源储备，由国务院能源主管部门会同国土资源主管部门提出动用方案，经国务院批准后实施。

第六十八条　［地方能源产品储备］

省级人民政府可以根据需要建立本地区的能源产品政府储备。

第八章　能源应急

第六十九条　［应急范围与阶段］

国家建立能源应急制度，应对能源供应严重短缺、供应中断、价格剧烈波动以及其他能源应急事件，维护基本能源供应和消费秩序，保障经济平稳运行。

第七十条　［应急预案］

国务院能源主管部门应当组织编制国家能源应急总体预案和主要能源品种的专项应急预案，报国务院批准。

县级以上地方人民政府应当根据国家能源应急预案编制本行政区的能源应急预案，报省级人民政府批准。

能源企业和重点用能单位应当编制相应的能源应急预案。

能源应急能力建设，应当纳入能源应急预案。

第七十一条　［应急事件分级］

能源应急事件实行分级管理，按照实际或者合理预计的可控性、严重程度、影响范围和持续时间，分为特别重大、重大、较大和一般四级。具体分级标准和相应预警级别由国务院或者国务院确定的部门制定。

第七十二条 ［应急事件认定］

特别重大级别的能源应急事件以及相应的预警由国务院认定。重大级别的由国务院能源主管部门会同有关部门认定，报国务院批准。较大级别的由省级人民政府认定，并报国务院能源主管部门备案。一般级别的由县级以上地方人民政府认定，并报省级地方人民政府批准。法律另有规定的，从其规定。

第七十三条 ［应急处置原则］

能源应急事件的处置实行统一领导、分级负责、分类实施、协同配合的原则。能源应急事件认定批准后，有关人民政府应当及时启动能源应急预案，实施应急处置措施。

第七十四条 ［应急措施授权条件和约束］

在能源应急期间，各级人民政府应当根据维护能源供给秩序和保护公共利益的需要，按照必要、合理、适度的原则，采取能源生产、运输、供应紧急调度，储备动用，价格干预和法律规定的其他应急措施。

实施能源应急措施应当向社会公告。在应急事件的威胁和危害得到控制或者消除后，能源应急措施应当及时中止或者取消，并向社会公告。

第七十五条 ［应急保障重点］

各级人民政府在采取能源应急措施的同时，应当确定基本能源供应顺序，维持重要国家机关、国防设施、应急指挥机构、交通通信枢纽、医疗急救等要害部门运转，保障必要的居民生活和生产用能。

第七十六条 ［应急相关主体责任和义务］

任何单位和个人应当执行能源应急预案和政府能源应急指

令，承担相关应急任务。

第七十七条 ［应急善后］

有关人民政府应当及时退还因能源应急依法征收征用的物资、设备和设施，并对损耗、消耗部分给予补偿；对承担能源应急任务的单位和个人，可以给予适当奖励或者补偿。

各级人民政府处置能源应急事件所发生的相关合理费用由本级政府按照国家有关规定负责解决。

第九章　农村能源

第七十八条 ［农村能源发展原则］

国家按照统筹规划、因地制宜、多能互补、节约资源、综合利用、保护环境的原则，鼓励和扶持农村能源发展，促进社会主义新农村建设，推动城乡和谐发展。

第七十九条 ［农村能源规划实施］

国务院能源主管部门会同有关部门负责管理农村能源工作，统一组织实施国家农村能源规划。

县级以上地方人民政府应当将农村能源纳入本级国民经济和社会发展规划，统筹处理农村能源发展与土地利用及交通、水利、通信等基础设施建设的关系。

第八十条 ［优惠政策］

各级人民政府应当制定财政税收、金融与价格等优惠政策，扶植、引导和鼓励单位和个人加大对农村能源的投入。

第八十一条 ［农村能源保障］

国家统筹城乡能源基础设施建设，推动城市能源基础设施和公共服务向农村延伸，鼓励开发多种形式的能源，提高农村的商品能源供应能力，保障农村能源的正常供应。

农村地区能源供应发生短缺时，各级人民政府应当采取措施优先保障农民生活和农业生产基本用能。

第八十二条 [农村能源消费结构优化]

各级人民政府及有关部门应当发挥农村资源优势，因地制宜推广利用小水电、生物质能、风能、太阳能等新能源和可再生能源，逐步提高农村电气化水平，增加农村使用优质、清洁能源的比重。

第八十三条 [边远农村电力扶持]

国家对少数民族地区、边远地区和贫困地区农村电力建设予以重点扶持。电力供应企业应当采取措施提高农村电网覆盖率。

对电网延伸供电不经济的地区，国家鼓励和扶持建设离网发电等分布式能源站及配套供电系统。

第八十四条 [农村生物质能源发展]

国家鼓励在保护生态环境的前提下，合理利用荒山荒丘、滩涂、盐碱地等不宜种植粮食作物的土地种植能源作物，禁止占用基本农田发展生物质能源产业。

第八十五条 [农村节能]

各级人民政府应当提供资金、技术和服务，提高农村能源生产和生活用能效率，节约使用能源。

第八十六条 [农村能源技术推广与服务]

各级人民政府应当将农村能源技术推广纳入农业技术推广体系，建立农村能源技术服务网络，加强农村能源技术指导和培训等公益性服务。

第十章　能源价格与财税

第八十七条　［价格形成机制］

国家按照有利于反映能源市场供求关系、资源稀缺程度、环境损害成本的原则，建立市场调节与政府调控相结合、以市场调节为主导的能源价格形成机制。

第八十八条　［市场调节价］

具备市场竞争条件的能源产品和服务价格，实行市场调节价。

第八十九条　［自然垄断环节及重要能源价格］

自然垄断经营的能源输送管网的输送价格及关系公共利益的重要能源产品和服务价格，实行政府定价或者政府指导价，并逐步推行有利于降低成本、提高效率、节约资源和减少环境损害的价格管制制度。

第九十条　［价格激励与约束政策］

国家鼓励发展的风能、太阳能、生物质能等可再生能源和新能源，依法实行激励型的价格政策。

对国家限制发展的高耗能、高污染的企业、产品和服务，依法实行约束型的能源价格政策。

第九十一条　［能源财税政策基本原则］

国家根据实施国家能源战略和规划的需要，按照公共财政的要求和财力状况，综合运用财税激励与约束政策促进能源合理开发利用。

第九十二条　［能源支出预算］

国家建立中央财政和省级地方财政能源支出预算制度。具备条件的省级以下地方财政可以建立能源支出预算制度，因地制宜地安排本地能源支出预算资金。

第九十三条 ［能源发展专项资金］

国家根据能源战略、能源规划的要求和能源发展的需要，设立节能、新能源与可再生能源、农村能源等能源发展专项资金。具体办法由国务院财政主管部门会同能源等有关部门制定。

第九十四条 ［能源领域政府投资］

能源领域的政府投资用于下列事项：

（一）保护和改善能源矿区生态环境；

（二）农村和边远地区能源事业发展；

（三）能源科技研究与开发和高新技术产业化；

（四）节能与新能源和可再生能源发展；

（五）替代能源的开发和利用；

（六）法律规定或者国务院规定的其他事项。

第九十五条 ［节能政府采购］

国家实行有利于节约能源的政府采购政策。

依照政府采购相关法律法规，采购人使用财政性资金进行政府采购的，应当优先采购新能源和可再生能源以及节能的产品和服务。

第九十六条 ［能源税收激励］

国家运用税收政策鼓励新能源和可再生能源的开发利用，支持能源清洁利用和发展替代能源，支持节能产品和节能设备的生产应用和技术推广，鼓励进口优质能源产品和能源开发利用必需的先进设备和技术。

第九十七条 ［能源税收限制］

国家对限制出口和生产的能源产品、高耗能产品和能源技术，依法实行有关税收限制政策。

第九十八条 ［能源资源税费］

国家建立和完善能源资源税费体系，保障国家作为能源资源所有者的应得收益，促进能源资源的合理开发和可持续利用。

能源资源税费收入按照兼顾中央与地方利益的原则合理分配。

第九十九条 ［能源消费税］

国家扩大消费税在能源领域的适用范围，合理确定税率，调节和引导能源产品的消费，促进能源节约。

第一百条 ［财税政策的适用］

国务院能源主管部门会同财税等有关部门制定国家能源发展鼓励类、限制类和禁止类目录。

国务院财政主管部门对列入前款规定目录的能源项目实行相应的财税优惠或者限制政策。

第十一章 能源科技

第一百零一条 ［能源科技发展方针］

国家积极推进能源科技自主创新，依靠科技进步保障国家能源战略的实施。

能源科技发展应当有利于提高能源效率、节约能源、优化能源结构、增强能源供应和安全输送能力、保护环境。

国家采取措施提高能源企业综合技术实力，鼓励能源企业推进能源科技自主创新。

第一百零二条 ［能源科技投入］

各级人民政府应当制定和完善激励企业能源科技投入的财税、价格和金融政策。

各级人民政府和企业应当逐步增加能源科技资金投入。国家财政投入主要用于能源领域的基础研究、前沿技术研究、社会公益性技术研究以及关键技术、共性技术等的研究、开发和示范。

第一百零三条　[能源科技发展机制]

国家积极构建政府主导，能源企业为主体，市场为导向，产学研协同合作的能源科技创新体系。

国务院能源主管部门应当会同科技主管部门组织有关部门和企业，建立和完善国家级能源实验室、国家能源工程中心和企业技术中心，依托重大能源工程和能源科研项目，集中开展能源领域的重大科技攻关活动。

第一百零四条　[能源科技重点领域]

国家鼓励和支持能源资源勘探开发技术、能源加工转换和输送技术、能源清洁和综合利用技术、节能减排技术及能源安全生产技术等的创新研究和开发应用。

第一百零五条　[能源科技成果推广应用]

国家采取措施促进能源科技自主创新成果的产业化示范和推广应用，支持能源科技自主创新产品和工艺技术的标准制定。

第一百零六条　[能源科技奖励]

各级人民政府及其有关部门应当对能源领域取得原始创新、集成创新以及引进消化吸收再创新突出成果的单位和科技人员予以表彰和奖励。

第一百零七条　[能源教育与人才培养]

国家将能源教育纳入国民教育体系，鼓励科研机构、教育机构与企业合作培养能源科技人才，支持培养农村实用型能源科技人才。

第一百零八条 ［能源科普］

各级人民政府及能源、科技等有关部门，应当积极开展能源科学普及活动，支持社会中介组织和有关单位、个人从事能源科技咨询与服务，提高全民能源科技知识和科学用能水平。

第十二章 能源国际合作

第一百零九条 ［国际合作方针与方式］

国家通过缔结国际条约、参加国际组织、协调能源政策、交流能源信息等方式，开展能源资源互利合作。

国家建立和完善内外联动、互利共赢、安全高效的开放型能源体系。

第一百一十条 ［境外能源合作］

国家鼓励对外能源投资和合作方式的创新，建立境外能源合作管理与协调机制，由国务院能源主管部门会同有关部门统一协调境外能源合作事务。

国家保护在境外从事能源开发利用活动的中国公民、法人和其他组织的合法权益以及中国公民的人身和财产安全。

国家采取措施有效应对中国公民、法人和其他组织在境外的能源投资项目所遭受的国有化、征收、征用、战争、内乱、政府违约、外汇汇兑限制等政治风险。

第一百一十一条 ［境内能源合作］

国家依法保护外国公民、法人和其他组织在中国境内从事能源开发利用活动的合法权益。

外国公民、法人和其他组织在中国境内从事能源开发利用活动，必须遵守中国有关法律、法规。

国务院有关部门应当制定涉及能源发展的外商投资产业指导目录及相关政策。

第一百一十二条 ［能源贸易合作］

国家加强能源领域的双边多边贸易合作，采取综合措施防范和应对国际能源市场风险。

国务院对外贸易主管部门、能源主管部门及其他有关部门应当采取措施，促进对外能源产品、技术和服务贸易。

国务院有关部门应当建立和完善境外能源贸易监管机制，对从事境外能源贸易的企业及其交易人员和交易行为实施有效监管。

第一百一十三条 ［能源运输合作］

国务院能源主管部门会同有关部门统筹规划跨国能源输送管网、能源运输通道及配套设施的建设，保障涉外能源运输的安全、经济和可靠。

从事前款规定的能源输送管网、能源运输通道及配套设施的投资、开发、建设、经营等活动，必须符合国家能源战略和规划，并接受国务院能源主管部门和有关部门的管理、协调和监督。

第一百一十四条 ［能源科技与教育合作］

国家采取措施，促进能源科技、教育与人才培训的国际合作，鼓励与其他国家联合培养国内能源领域急需的专业人才，提高对国外先进能源科技的吸收、转化与自主创新能力。

第一百一十五条 ［能源安全合作］

国家加强与其他国家和相关国际组织沟通、协调与合作，促进能源预测、预警与应急的国际合作，推动全球性或者区域性能源安全协调保障机制的建立和完善。

第十三章　监督检查

第一百一十六条　［人大监督］

县级以上各级人民代表大会及其常务委员会可以就本法实施中的问题要求本级人民政府进行专项工作报告，提出质询案，组织执法检查和对特定问题进行调查。

第一百一十七条　［行政监督］

县级以上人民政府应当根据本法和相关能源法律，对下级人民政府以及同级能源主管部门和有关部门履行职责情况进行监督和检查，对能源规划和能源政策的实施情况进行评估考核。

上级能源主管部门应当加强对下级能源主管部门履行职责情况的监督检查，及时纠正违反本法和相关能源法律的行为。

各级能源主管部门应当建立健全内部监督制度，对工作人员行使职权和履行职责的情况进行监督。

第一百一十八条　［社会监督］

任何单位和个人可以对能源主管部门和有关部门履行职责情况提出意见和建议，能源主管部门和有关部门对重要行政事项或者涉及公共利益的意见和建议应当及时做出回复。

任何单位和个人都有权对违反本法和相关能源法律的行为进行检举、揭发和控告。有关部门收到检举、揭发和控告后，应当及时处理。

第一百一十九条　［获取文件、资料］

能源主管部门为履行法定职责，有权要求能源企业、用能单位按照规定报送财务报表、统计报表、审计报告等文件、资料。

对于前款规定文件、资料中涉及国家秘密、商业秘密的内容，能源主管部门应当采取必要的保密措施。

第一百二十条 ［现场检查］

能源主管部门为履行法定职责，可以进入能源企业和用能单位的生产经营场所实施现场检查，查阅、复制与检查事项有关的文件和资料，对可能被转移、隐匿或者毁损的予以封存。

监督检查人员进行现场检查时，应当出示证件，符合法定程序。被检查单位应当配合检查，如实反映情况，提供必要的文件、资料。监督检查人员应当为被检查单位保守技术秘密和业务秘密。

第一百二十一条 ［强制措施］

能源主管部门在监督检查中，发现能源企业、用能单位违法使用国家明令淘汰的产品、技术或者设备的，可以予以查封、扣押。发现能源企业、用能单位有转移、隐匿资金或者销毁财物嫌疑的，可以申请人民法院予以冻结。

第一百二十二条 ［高耗能企业信息强制公开］

能源主管部门应当按照有关能源政策和技术经济标准，公布重点高耗能企业名单，要求其报告用能情况并向社会公布。法律另有规定的除外。

第一百二十三条 ［重点能源企业的监管］

在关系国家安全和国民经济命脉的能源领域从事能源开发利用活动的企业，应当承担相应的社会公共责任，不得滥用垄断或者支配地位损害国家和公共利益。

国务院能源主管部门及有关部门对前款涉及企业的经营活动依法实施监管和调控。

第十四章　法律责任

第一百二十四条　［政府责任：行政责任］

能源管理有关行政机关及其工作人员违反本法规定，有下列情形之一的，由其上级行政机关或者监察机关责令改正；情节严重的，对直接负责的主管人员和其他责任人员依法给予处分：

（一）不依法编制、评估和实施能源战略和能源规划的；

（二）不依法发布能源统计信息的；

（三）对不符合法定条件的能源项目予以准入的；

（四）不履行能源储备管理职责的；

（五）不制定能源应急预案的；

（六）未建立节能工作责任制的；

（七）不依法履行能源监督检查职责的；

（八）不履行法律规定的其他义务的。

第一百二十五条　［政府工作人员责任：刑事责任］

行政机关工作人员在履行能源管理职责过程中，滥用职权、玩忽职守、徇私舞弊，构成犯罪的，依法追究刑事责任。

第一百二十六条　［政府责任：国家赔偿与补偿责任］

国家机关和国家机关工作人员履行能源管理职责过程中，违法行使职权，侵犯公民、法人和其他组织的合法权益，造成损害的，应当依法承担国家赔偿责任。

能源管理机关履行职责过程中，为了公共利益的需要，征收、征用和处置单位、个人的不动产或者动产，或者撤回、变更已经依法授予的行政许可的，应当依法给予补偿。

第一百二十七条　［特殊能源企业责任：管网开放义务保障］

经营能源输送管网设施的企业违反法律规定，不履行公平开放管网义务的，由能源主管部门责令改正，并按日处当事人经济损失额二倍以上五倍以下罚款；构成犯罪的，依法追究刑事责任。

第一百二十八条　［特殊能源企业责任：普遍服务义务履行］

承担能源普遍服务义务的企业未经批准，擅自停业、歇业或者停止按法定条件履行普遍服务义务的，由能源主管部门责令改正，并处其相应营业额二倍以上五倍以下罚款；构成犯罪的，依法追究刑事责任。

第一百二十九条　［特殊能源企业责任：违法重组并购处罚］

在关系国家安全和国民经济命脉的能源领域从事能源开发利用活动的企业，违反本法规定实施重组或者资产并购的，由国务院能源主管部门责令改正，并可以处五百万元以下罚款。

第一百三十条　［一般能源企业责任：报告义务］

能源企业不按照规定提供报表、报告等文件、资料的，由国务院能源主管部门责令改正，逾期不改正的，处十万元以上二十万元以下罚款。

第一百三十一条　［一般能源企业责任：执法配合程序义务］

能源企业有下列情形之一的，由能源主管部门或者其他相关行政机关责令改正，并处十万元以上五十万元以下罚款；情节特别严重或者逾期不改正的，可以责令停业整顿或者吊销其生产、经营许可证；构成犯罪的，依法追究刑事责任：

（一）妨碍或者不配合行政机关履行监督检查法定职责的；

（二）妨碍或者不配合行政机关所采取的应急措施的；

（三）提供虚假的或者隐瞒重要事实的报表、报告等文件、资料的；

（四）未按照规定进行信息披露的；

（五）违反法律、行政法规规定的其他义务的。

第一百三十二条 ［一般能源企业责任：实体义务］

企业有下列情形之一的，由能源主管部门责令改正，没收违法所得，并处违法所得一倍以上五倍以下罚款；没有违法所得或者违法所得不足五十万元的，处五十万元以上二百万元以下罚款；情节严重的，可以责令停业整顿或者吊销其生产、经营许可证；构成犯罪的，依法追究刑事责任：

（一）破坏性开采能源资源的；

（二）违法处理核废物的；

（三）未经批准擅自从事能源开发、加工转换及供应与服务活动的；

（四）违反法律规定进出口能源产品、技术或者设备的；

（五）非法占用基本农田发展生物质能源产业的；

（六）不依法履行能源储备与应急义务的；

（七）破坏能源市场竞争秩序的；

（八）违反法律、法规规定的其他义务的。

第一百三十三条 ［能源用户责任：重点用能单位责任］

重点用能单位未能实现节能目标的，由能源主管部门责令改正；情节严重或者逾期不改正的，可以强制减少用能指标，强制实行能源审计或者责令停业整顿。

第一百三十四条 ［能源用户责任：强制公开义务履行］

高耗能企业违反本法规定，不如实向能源主管部门报告用能情况并向社会公布的，由能源主管部门责令改正，并处一万元以上五万元以下的罚款。

第一百三十五条 ［社会主体责任：非法行为处罚］

单位和个人有下列行为之一的，相关行政机关应当采取措施予以制止、取缔，没收违法所得，并处违法所得一倍以上五倍以下罚款；没有违法所得或者违法所得不足十万元的，处十万元以上三十万元以下的罚款；违反治安管理的，依法给予治安管理处罚；构成犯罪的，依法追究刑事责任：

（一）盗窃、抢劫、破坏、非法占用能源资源、产品或者能源基础设施的；

（二）生产、销售、使用国家明令淘汰的耗能产品和技术的；

（三）破坏或者抢占核电厂址的；

（四）未按规定事先制定应急预案或者采取预防措施，造成能源安全隐患的；

（五）能源应急期间，不执行能源应急预案及政府下达的应急指令和任务的；

（六）违反法律、法规规定的其他行为。

第一百三十六条 ［民事责任］

单位和个人违反本法规定，给他人合法权益造成损害的，依法承担赔偿责任。

第一百三十七条 ［民事赔偿优先］

单位和个人违反本法规定，应当承担民事赔偿责任和缴纳行政处罚罚款、刑事处罚罚金，其财产不足以同时支付时，首先承担民事赔偿责任。

第一百三十八条　［行政救济］

当事人认为能源主管部门或者其他行政机关的行政行为违反本法侵犯其合法权益的，可以依法申请行政复议或者直接向人民法院提起行政诉讼。

第十五章　附　则

第一百三十九条　［术语的法律解释］

本法中下列用语的含义是：

（一）石油，是指原油和成品油的统称。

（二）能源企业，是指以能源开发、加工转换、仓储、输送、配售、贸易和服务等为主营业务的企业。

（三）新能源，是指在新技术基础上开发利用的非常规能源，包括风能、太阳能、海洋能、地热能、生物质能、氢能、核聚变能、天然气水合物等。

（四）可再生能源，是指风能、太阳能、水能、生物质能、地热能、海洋能等连续、可再生的非化石能源。

（五）清洁能源，是指环境污染物和二氧化碳等温室气体零排放或者低排放的一次能源，主要包括天然气、核电、水电及其他新能源和可再生能源等。

（六）低碳能源，是指二氧化碳等温室气体排放量低或者零排放的能源产品，主要包括核能和可再生能源等。

（七）高碳能源，是指二氧化碳等温室气体排放量高的能源产品，主要是煤炭、石油等化石能源。

（八）天然铀产品，是指用于加工生产核燃料的基本原料，包括转化铀和低浓铀。

（九）核燃料闭合循环，是指核反应堆产生的乏燃料不作为废物直接处置，而进行后处理回收利用的工艺。

（十）能源基础设施，是指保障能源基础公共服务的设施，包括输配电网络、石油天然气输送管网、能源储备设施、能源专用码头、液化天然气接收站、铁路专用线等能源设施。

（十一）自愿节能协议，是指行业协会或者企业通过与政府自愿签订协议，做出节能减排目标的承诺，履行承诺后政府予以相应政策支持的一种节能机制。

（十二）能源审计，是指由具备资质的能源审计机构依照法律法规和有关标准，对用能单位能源利用活动的合理性和有效性进行定量分析和评价。

（十三）合同能源管理，是指从事节能服务的单位通过与用户签订合同，为用户的节能项目进行投资或者融资，向用户提供能源效率分析、项目设计、采购、施工等服务，并分享项目节能效益的一种节能机制。

（十四）能源需求侧管理，是指政府或者公用事业单位通过采取激励措施，引导能源用户改变用能方式，提高终端能源利用效率，实现能源服务成本最小化的用能管理活动。

（十五）农村能源，是指用于农业生产、农村工商业经营和农村居民生活的能源。

第一百四十条 ［法律生效时间］

本法自　　年　　月　　日起施行。

能源发展“十一五”规划

（国家发展和改革委员会，2007 年 4 月）

本规划主要阐明国家能源战略，明确能源发展目标、开发布局、改革方向和节能环保重点，是未来五年我国能源发展的总体蓝图和行动纲领。有关方面要按照规划要求，结合具体实际，积极开展工作，努力完成规划确定的各项任务。

第一章　能源形势

一、能源发展的新起点

“十五”时期，我国能源发展成就显著，基本满足了国民经济和社会发展的需要，为“十一五”及更长时期的发展奠定了坚实基础。面向未来，我国能源工业站在新的历史起点上。

（一）能源生产快速增长，供需矛盾趋于缓和。2005 年，我国一次能源生产总量 20.6 亿吨标准煤，消费总量 22.5 亿吨标准煤，分别占全球的 13.7％和 14.8％，是世界第二能源生产和消费大国。煤炭产量突破 22 亿吨，发挥了重要的支撑作用。石油天然气产量稳步增长，西气东输工程顺利建成，塔里木、准噶尔、鄂尔多斯等西部油气田开发取得重要进展。发电装机容量超过 5 亿千瓦，实现了跨越式发展，电力供应紧张状况明显缓和。

专栏 1 “十五”时期能源发展主要指标

指标	单位	2000 年	2005 年	“十五”年均增长（%）
一次能源生产总量	亿吨标准煤	12.90	20.59	9.82
其中：原煤	亿吨	12.99	22.05	11.16
石油	亿吨	1.63	1.81	2.12
天然气	亿立方米	272	493	12.63
水电及可再生能源	亿吨标准煤	0.86	1.41	10.39
一次能源消费总量	亿吨标准煤	13.86	22.47	10.15
其中：原煤	亿吨	13.20	21.67	10.42
石油	亿吨	2.24	3.25	7.73
天然气	亿立方米	245	479	14.35
水电及可再生能源	亿吨标准煤	0.86	1.41	10.39

注：资料来源为国家统计局和行业协会统计资料，可再生能源仅包含商品化部分（下同）。

（二）结构调整力度加大，“上大压小”取得成效。大型煤炭基地建设、中小煤矿联合改造、落后小煤矿关闭淘汰稳步实施。大型电站建设步伐加快，火电“上大压小”继续推进。西电东送等重点输电工程进展顺利，农网改造基本完成，六大电网联网加强。新能源和可再生能源发展加快。风电装机容量达到 126 万千瓦，太阳能光伏发电装机容量约 7 万千瓦，太阳能热水器集热面积 8000 多万平方米、居世界第一位。生物质燃料乙醇年生产能力 102 万吨，煤炭液化和煤制醇醚、烯烃等煤基多联产示范工程稳步推进。

（三）技术创新取得进步，装备水平明显提高。煤炭工业已具备装备千万吨级露天煤矿和日产万吨矿井工作面的能力，建成了一批具有世界先进水平的大型煤矿。石油天然气复杂区块勘探开发、提高油田采收率等技术跨入国际领先行列。三峡工程顺利投产，标志着我国水电技术达到国际先进水平；一批大型火电机组投入运行；形成了比较完备的500千伏和330千伏主网架，750千伏示范工程建成投运，±800千伏直流和1000千伏交流试验示范工程开始启动。

（四）体制改革步伐加快，市场机制逐步完善。煤炭企业战略性重组步伐加快，产业集中度提高。煤炭上下游产业融合趋势明显，一批产权多元化，煤电、煤钢、煤焦化一体化的综合能源企业正在发展壮大。煤炭市场价格机制趋于完善，区域煤炭交易市场发展态势良好。石油天然气产业形成了几个上下游、内外贸一体化的大型企业集团。国家战略石油储备建设取得进展。电力体制改革稳步推进，厂网分开基本完成，电力市场建设开始起步。

（五）能源效率有所提高，环境保护得到加强。2005年，全国煤矿平均矿井回采率比2000年提高了约10个百分点。在难采储量不断增加的情况下，原油采收率仍然保持在较高水平。火电供电标准煤耗从2000年的392克/千瓦时下降到2005年的370克/千瓦时；烟尘排放总量比1980年减少32%；部分水资源缺乏地区实现了废水“零排放”；单位电量二氧化硫排放比1990年减少了40%。

二、面临的主要问题和挑战

“十一五”是全面建设小康社会的关键时期，新时期新阶段能源发展既有新的机遇，也面临更为严峻的挑战。

（一）消费需求不断增长，资源约束日益加剧。我国能源资源总量比较丰富，但人均占有量较低，特别是石油、天然气人均资源量仅为世界平均水平的7.7%和7.1%。随着国民经济平稳较快发展，城乡居民消费结构升级，能源消费将继续保持增长趋势，资源约束矛盾更加突出。

（二）结构矛盾比较突出，可持续发展面临挑战。目前，煤炭消费占我国一次能源消费的69%，比世界平均水平高42个百分点。以煤为主的能源消费结构和比较粗放的经济增长方式，带来了许多环境和社会问题，经济社会可持续发展受到严峻挑战。

（三）国际市场剧烈波动，安全隐患不断增加。最近几年，国际石油价格大幅震荡、不断攀升，给我国经济社会发展带来多方面的影响。我国战略石油储备体系建设刚刚起步，应对供应中断能力较弱；影响天然气电力安全供应的因素趋多；煤矿安全生产形势不容乐观，维护能源安全任务艰巨。

（四）能源效率亟待提高，节能降耗任务艰巨。与国际先进水平比较，我国能源效率还有很大差距。“十一五”规划纲要提出了2010年单位GDP能耗降低20%左右的目标。一方面，从我国产业结构调整和技术管理水平提高潜力看，经过努力，实现上述目标是可能的；另一方面，我国尚处在工业化、城镇化加快发展的历史阶段，高耗能产业在经济增长中仍将占有较大比重，转变能源生产和消费模式，提高能源效率，减少能源消耗，是一项长期而艰巨的任务。

（五）科技水平相对落后，自主创新任重道远。科技发展是解决能源问题的根本途径。与世界先进国家比较，我国在能源高新技术和前沿技术领域还有相当差距，能源科技自主创新任重道远。

（六）体制约束依然严重，各项改革有待深化。煤炭企业社会负担沉重，竞争力不强。完善原油、成品油和天然气市场体系，还有大量需要解决的问题。电力体制改革方案确定的各项改革措施有待进一步落实。

（七）农村能源问题突出，滞后面貌亟待改观。农村能源存在的主要问题：一是生活用能商品化程度偏低。二是地区发展不平衡，西部农村普遍存在能源不足问题，东中部山区和贫困地区用能状况也需要进一步改善，全国尚有1000多万无电人口。加快农村能源建设，改善农村居民生产生活用能条件，是建设社会主义新农村的必然要求。

第二章　方针和目标

一、指导方针

以邓小平理论和“三个代表”重要思想为指导，用科学发展观和构建社会主义和谐社会两大战略思想统领能源工作，贯彻落实节约优先、立足国内、多元发展、保护环境，加强国际互利合作的能源战略，努力构筑稳定、经济、清洁的能源体系，以能源的可持续发展支持我国经济社会可持续发展。

二、发展目标

（一）消费总量与结构

2010年，我国一次能源消费总量控制目标为27亿吨标准煤左右，年均增长4%。煤炭、石油、天然气、核电、水电、其他可再生能源分别占一次能源消费总量的66.1%、20.5%、5.3%、0.9%、6.8%和0.4%。与2005年相比，煤炭、石油比重分别下降3.0和0.5个百分点，天然气、核电、水电和其他可再生能源分别增加2.5、0.1、0.6和0.3个百分点。

（二）生产总量与结构

2010年，一次能源生产目标为24.46亿吨标准煤，年均增长3.5%。煤炭、石油、天然气、核电、水电、其他可再生能源分别占74.7%、11.3%、5.0%、1.0%、7.5%和0.5%。与2005年相比，煤炭、石油比重分别下降1.8和1.3个百分点，天然气、核电、水电和其他可再生能源分别增加1.8、0.1、0.8和0.4个百分点。

第三章　建设重点

根据资源条件，按照“优化结构、区域协调、产销平衡、留有余地”的原则，“十一五”时期我国能源建设的总体安排是：有序发展煤炭；加快开发石油天然气；在保护环境和做好移民工作的前提下积极开发水电，优化发展火电，推进核电建设；大力发展可再生能源。适度加快“三西”煤炭、中西部和海域油气、西南水电资源的勘探开发，增加能源基地输出能力；优化开发东部煤炭和陆上油气资源，稳定生产能力，缓解能源运输压力。重点建设五大能源工程。

一、能源基地建设工程

（一）有序开发煤炭基地

加快开发神东、陕北、黄陇（含华亭）、晋北、晋东、宁东6个大型优质动力煤炭基地，以建设特大型现代化煤矿为主，扩大生产规模。实施晋中炼焦煤基地保护性开发，建设大型煤矿，整合中小型煤矿，保持合理开发强度。做好鲁西、冀中、河南3个煤炭基地老矿区生产接续，稳定生产规模。推进两淮煤炭基地建设与改造，适度提高煤炭供应能力。促进蒙东（东北）煤炭基地开发，优先建设内蒙古东部大型现代化露天煤矿。配合西电东送工程，适度加快云贵煤炭基地开发。

（二）加快建设油气基地

按照“挖潜东部、发展西部、加快海域、开拓南方”的原则，通过地质理论创新、新技术应用和加大投入力度等措施，使 2010 年，全国原油、天然气产量分别达到 1.93 亿吨和 920 亿立方米。

（三）积极开发水电基地

按照流域梯级滚动开发方式，建设大型水电基地。重点开发黄河上游、长江中上游及其干支流、澜沧江、红水河和乌江等流域。在水能资源丰富但地处偏远的地区，因地制宜开发中小型水电站。

（四）优化建设煤电基地

按照“西电东送、水火调剂、强化支撑、保障安全”的原则，优化建设山西、陕西、内蒙古、贵州、云南东部等煤炭富集地区煤电基地，实施“西电东送”。合理布局河南、宁夏坑口电站，促进区域内水火调剂。加快安徽两淮坑口电站建设，实施“皖电东送”。东中部地区重点建设港口、路口、负荷中心电站以及有利于增强输电能力的电站，提高电网运行稳定性和安全性。

（五）加快建设核电基地

“十一五”期间，建成田湾一期、广东岭澳二期工程，开工浙江三门、广东阳江等核电项目，做好一批核电站前期工作。积极支持高温气冷堆核电示范工程。

二、能源储运工程

（一）煤炭运输通道和港口

“十一五”期间，随着煤炭产销量的增长，我国“北煤南运、西煤东调”格局将更加明显。要充分挖掘既有铁路和港口设施潜力，重点抓好“三西”煤炭外运通道、北方沿海煤炭装船码头扩能改造，规划建设“西煤东运”新通道。进一步强化华东、东南、华南地区煤炭接卸码头和中转基地建设，发挥长江和京杭运河作用，加强西北、西南和华中煤炭运输能力建设。

（二）油气输送管网

“十一五”期间，按照“西部油气东输、东北油气南送、海上油气登陆”的格局，加强骨干油气管线建设，增加必要的复线和重点联络线，加快中转枢纽和战略储备设施建设，逐步形成全国油气骨干管网和重点区域网络。

（三）电网设施

一是按照重点输送水电，适度输送煤电的原则，继续推进“西电东送”三大通道建设。二是加强区域电网建设，推进大区电网互联，到 2010 年，除西藏、新疆、台湾等地区外，初步实现全国联网。三是推进城乡电网建设与改造，形成安全可靠的配电网络。四是促进二次系统与一次系统协调发展。

三、石油替代工程

按照“发挥资源优势、依靠科技进步、积极稳妥推进”的原则，加快发展煤基、生物质基液体燃料和煤化工技术，统筹规划，有序建设重点示范工程。为“十二五”及更长时期石油替代产业发展奠定基础。

四、可再生能源产业化工程

“十一五”期间，重点发展资源潜力大、技术基本成熟的风力发电、生物质发电、生物质成型燃料、太阳能利用等可再生能源，以规模化建设带动产业化发展。

五、新农村能源工程

按照“因地制宜，多元发展”的原则，在继续加快小型水电和农网建设的同时，大力发展适宜村镇、农户使用的风电、生物质能、太阳能等可再生能源。到2010年，村镇小型风机使用量达到30万台，总容量7.5万千瓦；户用沼气4000万户，规模化养殖场沼气工程达到4700处，全国农村沼气产量达到160亿立方米；农村太阳能热水器保有量达到5000万平方米，太阳灶保有量达到100万台。

第四章　节能和环保

实现能源节约和环境保护目标，必须依靠全社会的共同努力，发挥科技基础作用，走转变经济增长方式，提高经济增长质量和效益的道路。在落实直接节能与环境保护措施的同时，大力发展循环经济，加快培育高科技产业，扩大现代服务业在国民经济中的比重，通过优化经济结构，提升间接节能和环保贡献率。

一、主要目标

（一）总体指标

2010年，万元GDP（2005年不变价，下同）能耗由2005年的1.22吨标准煤下降到0.98吨标准煤左右。“十一五”期间年均节能率4.4%，相应减少排放二氧化硫840万吨、二氧化碳（碳基）3.6亿吨。

（二）主要耗能产品（工作量）和耗能设备指标

2010年，重点耗能行业环保状况和主要产品（工作量）单位能耗指标总体达到或接近本世纪初国际先进水平。主要耗能设备能源效率达到20世纪90年代中期国际先进水平，部分汽车、家用电器能源效率达到国际先进水平。

专栏 2　主要产品（工作量）单位能耗指标

	单位	2000 年	2005 年	2010 年
火电供电煤耗	克标准煤/千瓦时	392	370	355
吨钢综合能耗	千克标准煤/吨	906	760	730
吨钢可比能耗	千克标准煤/吨	784	700	685
10 种有色金属综合能耗	吨标准煤/吨	4.809	4.665	4.595
铝综合能耗	吨标准煤/吨	9.923	9.595	9.471
铜综合能耗	吨标准煤/吨	4.707	4.388	4.256
炼油单位能量因数能耗	千克标准油/吨·因数	14	13	12
乙烯综合能耗	千克标准油/吨	848	700	650
大型合成氨综合能耗	千克标准油/吨	1372	1210	1140
烧碱综合能耗	千克标准油/吨	1553	1503	1400
水泥综合能耗	千克标准油/吨	181	159	148
建筑陶瓷综合能耗	千克标准煤/平方米	10.04	9.9	9.2
铁路运输综合能耗	吨标准煤百万吨换算公里	10.41	9.65	9.4

专栏 3　主要耗能设备能效指标

	单　位	2000 年	2010 年
燃煤工业锅炉（运行）	%	65	70～80
中小电动机（设计）	%	87	90～92
风机（设计）	%	70～80	80～85
泵（设计）	%	75～80	83～87
气体压缩机（设计）	%	75	80～84
房间空调器（能效比）		2.4	3.2～4
电冰箱（能效指数）	%	80	62～50
家用燃气灶（热效率）	%	55	60～65
家用燃气热水器（热效率）	%	80	90～95
汽车平均燃油经济性	升/百公里	9.5	8.2～6.7

（三）能源行业指标

2010 年，全国煤矿平均矿井回采率达到 50%，提高 4 个百分点；煤矸石、矿井水利用率均达到 70%，分别提高 27 和 26 个百分点；矿井水排放达标率 100%，提高 20 个百分点；洗煤废水闭路循环率提高到 90%，增加 5 个百分点。原油采收率保持在 32%左右。火电供电标准煤耗每千瓦时 355 克，下降 15 克；厂用电率 4.5%，下降 1.4 个百分点；线损率 7%，下降 0.18 个百分点；电厂二氧化硫排放总量减少 10%以上。

二、主要领域

“十一五”期间，按照“全面推进、突出重点”的原则，着力抓好重点工业、交通运输、建筑、商业和民用领域的节能环保工作。组织实施燃煤工业锅炉（窑炉）改造、区域热电联产、余热余压利用、节约和替代石油、电机系统节能、能量系统优化、建筑节能、绿色照明、政府机构节能、节能监测和技术服务体系建设等十大工程，达到节能 5.6 亿吨标准煤，环境和经济效益显著的目标。

三、能源行业重点

（一）煤炭工业

逐步淘汰技术落后、效率低、资源浪费和污染严重的小煤矿，采用高效、环保的新工艺、新设备和新材料改造现有煤矿和选煤厂，建设大型现代化煤矿。到 2010 年，使煤炭资源平均矿井回采率由 2005 年的 46%提高到 50%；小型煤矿数量由 2.2 万处降低到 1 万处左右，污染源点大幅度减少；地下水渗漏、地表沉陷等问题得到有效缓解。

按照循环经济发展思路，大力推进煤炭领域资源综合利用。到 2010 年，使煤矸石利用量由 2005 年的 1.5 亿吨增加到

3.9亿吨，利用率提高27个百分点；矿井水利用量由11亿立方米增加到36亿立方米，利用率提高26个百分点；矿井水达标排放率由80%提高到100%；煤矿瓦斯利用量由10亿立方米增加到87亿立方米。

切实加强煤炭矿区生态环境保护工作。制订专项规划，研究建立矿区生态环境恢复补偿机制，加大资金投入。到2010年，使矿区土地复垦面积由0.9万公顷增加到2.2万公顷，水土流失治理面积由1.1万公顷增加到2.6万公顷，生态环境恶化的趋势得到遏制。

（二）石油天然气工业

加强项目开发的节能环保评估和审查，大力推广提高采收率技术、采油系统优化配置技术、稠油热采配套节能技术、注水系统优化运行技术、油气密闭集输综合节能技术和油田伴生气回收利用技术，严禁在没有伴生气、凝析油回收配套条件下开采油气田。到2010年，使全国原油采收率保持在32%左右；油气田开发综合能耗，特别是油气自用率进一步降低；基本解决天然气放空、废水排放造成的环境污染问题。

作好石油节约和替代工作。以洁净煤、石油焦、天然气替代燃料油（轻油）；淘汰燃油小机组；实施机动车燃油经济性标准及相关配套政策；实施清洁汽车行动计划，发展混合动力汽车，在城市公交车、出租车等行业推广燃气汽车。

（三）电力工业

大力发展60万千瓦及以上超（超）临界机组、大型联合循环机组。采用高效洁净发电技术改造现役火电机组，实施“上大压小”和小机组淘汰退役。推进热电联产、热电冷联产和热电煤气多联供。在工业热负荷为主的地区，因地制宜建设以热力为主的背压机组；在采暖负荷集中或发展潜力较大的地区，建设30万千瓦等级高效环保热电联产机组；在中小城市建设以循环流化床技术为主的热电煤气三联供，以洁净能源作燃料的分布式热电联产和热电冷联供，将分散式供热燃煤小锅炉改造为集中供热。到2010年，使火电供电标准煤耗由2005年的每千瓦时370克下降到355克，厂用电率由5.9%下降到4.5%；城市集中供热普及率由30%提高到40%，新增供暖热电联产机组超过4000万千瓦，年节能3500万吨标准煤以上，为改善城市空气质量作出贡献。水电建设要更加重视生态环境保护问题。新建火电机组必须同步安装高效除尘设施；加快现役电厂除尘器改造，提高可靠性、稳定性和除尘效率。通过使用低硫燃料、装设脱硫设备等综合措施，严格控制电厂二氧化硫排放。推广低氮燃烧技术，扩大烟气脱氮试点范围，鼓励火电厂减少氮氧化物排放。到2010年，使火电厂每千瓦时烟尘排放量控制在1.2克、二氧化硫排放量下降到2.7克，电厂废水排放达标率实现100%。采用先进输、变、配电技术和设备，逐步淘汰能耗高的老旧设备；加强跨区联网，推广应用电网经济运行技术；采取有效措施，减轻电磁场对环境的影响。到2010年，使电网线损率下降到7%左右。

第五章　科技进步

贯彻落实“自主创新，重点跨越，支撑发展，引领未来”的科技发展指导方针，建立和完善以企业为主体、市场为导向、产学研相结合的能源科技创新体系。优先发展先进适用技术，提升能源工业技术水平；加强前沿技术研发，为未来能源发展奠定基础。

一、优先发展先进适用技术

专栏4 "十一五"重点发展的先进适用技术

	主 要 内 容
资源勘探开发	煤炭高效开采，复杂地质条件油气资源勘探开发、海洋油气资源勘探开发和煤层气开发等技术
煤炭清洁利用	煤炭洗选、清洁高效发电，煤基液体燃料和化工等技术
核电站	百万千瓦级大型先进压水堆核电技术
超大规模输配电和电网二次系统	柔性输电、高等级电压输电、间歇式电源并网、电能质量监测与控制、大规模互联电网安全保障和电网调度自动化技术等
可再生能源低成本规模化开发利用	大型风电机组、农林生物质发电、沼气发电、燃料乙醇、生物柴油和生物质固体成型燃料、太阳能开发利用关键技术等

二、加强能源前沿技术研究

专栏5 "十一五"重点发展的前沿技术

	主 要 内 容
氢能及燃料电池	高效低成本化石能源和可再生能源制氢、经济高效氢储存和输配、燃料电池关键技术等
分布式供能系统	微小型燃气轮机、新型热力循环等终端能源转换、储能、热电冷系统综合技术等
未来核电	高温气冷堆和快中子增殖反应堆、核聚变反应堆技术等
天然气水合物	天然气水合物地质理论、资源勘探评价、钻井和安全开采技术等

第六章 保障措施

一、增加勘查投入，提高资源保障程度

落实《国务院关于促进煤炭工业健康发展的若干意见》，

完善资源有偿使用制度，增加基础地质勘探投入，提高煤炭资源保障程度。

制定油气资源勘探开发投入激励政策，鼓励尾矿和难动用储量开发利用，逐步建立完善油气区块矿权招标制度和退出机制。增加对水能、风能、生物质能等资源调查的投入，为加快新能源和可再生能源开发利用奠定资源基础。

二、发挥规划调控作用，规范开发建设秩序

建立和完善能源规划调整与公开发布制度。滚动修订各类能源规划，公开发布实施，规范政府监管和企业行为，接受社会公众监督。地方和部门组织制定的相关规划，必须与国家能源发展规划衔接一致。

严格建设项目核准和备案制度。不符合国家能源规划要求的建设项目，国土、环保等部门不予办理相关审核、许可手续，金融机构不予贷款。进一步完善项目核准备案制度，形成更加科学、规范、透明的管理办法。

三、加快法规建设，改进行业管理

修订《煤炭法》、《电力法》、《节约能源法》，制定《能源法》、《石油天然气法》和《国家石油储备管理条例》等法规，尽快完善与社会主义市场经济体制相适应的能源法律法规体系。

健全煤炭行业准入制度，规范煤炭资源勘查开发和生产经营活动。实施煤炭资源整合，推进企业重组，淘汰落后小煤矿。引导企业增加投入，加快瓦斯抽采利用和安全改造，提高装备水平，改善安全生产条件。

加强石油天然气行业监管，完善市场准入制度。制定天然气利用政策，强化需求侧管理，保障供气安全。完善电力市场监管体系和运行规则，创造公平竞争的市场环境。引导电网和发电企业加强管理、节能降耗、降低成本、改进服务，为全社会提供稳定可靠、价格合理、质量优良的电力供应。

四、深化体制改革，完善价格体系

继续推动煤炭企业完善现代企业制度，减轻企业办社会负担，增强竞争力。完善流通体制，建立现代煤炭交易市场。逐步理顺成品油价格，加大天然气价格调整力度，引导油气资源合理使用，促进资源节约与开发。

按照国务院确定的电力体制改革方案，巩固厂网分开成果，加快电网企业主辅分离步伐，推进区域电力市场建设，继续开展大用户与发电企业直接交易试点，稳步实施输配分开。深化电价体制改革。完善输配电价，加快推进竞价上网，建立与用电质量要求、用电性质和发电上网电价挂钩的分类售电电价机制。制定可再生能源发电配额制度，完善可再生能源发电电价优惠政策，施行有利于生产和使用可再生能源的税收政策。

五、强化资源节约，保护生态环境

提高能源矿产资源回采率。实行与回采率挂钩的资源税费计征办法，完善监管制度，促进企业加强管理、增加投入、改进工艺装备，提高能源资源利用率。

发展循环经济。鼓励企业充分利用劣质煤、煤炭洗选加工副产品、煤矿瓦斯、矿井水等资源，因地制宜发展综合利用产业。完善热电联产产业政策，鼓励大中型城市和热负荷相对集中的工业园区，实行热电联产、集中供热，逐步淘汰分散供热锅炉，提高综合能效，保护生态环境。

建立煤炭矿区生态环境恢复补偿机制。制定煤炭清洁生产标准，明确企业和政府责任，加大生态环境保护和治理投入。改革电力调度方式。实行节能、环保、经济、公平的发电调度制度，激励企业加快发展高效清洁机组，淘汰和改造低效率、高能耗、高排放的现役机组，促进电力行业整体能效和环保水平的提高。

六、扩大对外开放，加强国际合作

以引进先进技术和管理为主要目标，适时修订《外商投资产业指导目录》，完善能源对外开放政策。按照平等互利、合作双赢的原则加强能源国际合作。

七、建立应急体系，提高安全保障

加快政府石油储备建设，适时建立企业义务储备，鼓励发展商业石油储备，逐步完善石油储备体系。以应对大规模电网事故和石油天然气供应中断为核心，建立完善能源安全预警制度和应急机制。

参考文献

[1]倪健民.国家能源安全报告.北京:人民出版社,2005.

[2]郭云涛.中国能源与安全.北京:中国经济出版社,2007.

[3]胡鞍刚,吕永龙.能源与发展:全球化条件下的能源与环境政策.北京:中国计划出版社,2001.

[4]周凤起,周大地.中国中长期能源战略.北京:中国计划出版社,1999.

[5]冯跃威.石油博弈.北京:企业管理出版社,2003.

[6]中国石油集团经济和信息研究中心.世界石油年鉴2002.北京:石油工业出版社,2002.

[7]第18届世界能源大会论文选编:面向21世纪的世界能源.北京:原子能出版社,2001.

[8]崔民选.2007中国能源发展报告.北京:中国社会出版社,2007.

后　记

最近，国务院常务会议明确提出，大力发展绿色经济，培育以低碳排放为特征的新的经济增长点。发展低碳经济是我们的必然选择，只有发展低碳经济才能从根本上提高我们国家能源安全的保障能力。这是一个新的发展方向。低碳经济的核心概念就是科学发展、可持续、节能减排甚至碳吸收，通过这种方式实现资源节约型、环境友好型发展，实现人民福利的真正增长。我国政府对发展低碳经济和应对全球气候变化的部署，表明了我国对环境和产业发展的新的认识，也揭示了我国未来的能源安全和产业发展方向。

本书是集体智慧的结晶。参加本书编写的同志还有：王家诚，朱超，李小华。参与本书编写的同志都有这样的愿望：努力使该书内容充实、资料丰富、数据准确、观点鲜明。如果该书能为读者提供一些有益的参考，我们将不胜欣喜。

最后，我们要感谢丛书编委会和浙江大学出版社的大力支持。

作　者

2009 年 10 月

图书在版编目（CIP）数据

能源安全 / 倪健民，郭云涛著. —杭州：浙江大学出版社，2009.11
（非传统安全与现实中国丛书 / 张曦，余潇枫主编）
ISBN 978-7-308-07064-5

Ⅰ. 能… Ⅱ. ①倪…②郭… Ⅲ. 能源—国家安全—研究—中国 Ⅳ. TK01

中国版本图书馆 CIP 数据核字（2009）第 170504 号

能源安全

倪健民　郭云涛　著

出 品 人　傅　强
丛书主持　黄宝忠　陈丽霞
责任编辑　田　华　金更达
封面设计　张志伟
出版发行　浙江大学出版社
（杭州天目山路 148 号　邮政编码 310028）
（网址：http://www.zjupress.com）
排　　版　杭州中大图文设计有限公司
印　　刷　临安市曙光印务有限公司
开　　本　787mm×960mm　1/16
印　　张　18.25
字　　数　220 千
版 印 次　2009 年 11 月第 1 版　2009 年 11 月第 1 次印刷
书　　号　ISBN 978-7-308-07064-5
定　　价　38.00 元

浙江大学出版社发行部邮购电话(0571)88925591